HISTOIRE

DE LA

VILLE DE DOMFRONT

ET DE

SES SEIGNEURS

PAR ERNEST **Crestey.**

DOMFRONT

IMPRIMERIE-LIBRAIRIE DE M. NOIRE.

Rue Saint-Julien.

1862

AU LECTEUR.

Ami lecteur, la tâche que j'entreprends est longue et difficile à remplir, mais c'est l'amour de mon pays, c'est l'envie de faire revivre les hommes qui ont illustré ma ville natale qui m'a fait mettre à l'œuvre.

De ton côté mets un peu de bienveillance en lisant ce petit ouvrage où tu trouveras des faits mais point de phrases; enfin sois indulgent, et je vais commencer.

Je tâcherai d'être clair et laconique et, si quelque erreur se glisse dans cet écrit, ce sera faute de renseignements. En effet, des pièces de la plus haute importance ont été brûlées, d'autres qui peut-être existent encore, mais qu'il m'a été impossible de me procurer, laisseront peut-être çà et là quelques vides que je n'aurai pu combler, mais qui seront peu importants.

Tous les principaux faits qui se sont accomplis dans nos murs, tous les siéges que notre ville a soutenus, tantôt contre un seigneur, tantôt contre un autre, tous, dis-je, y occupent leur place.

Une question, qui jusque là était restée sans solution, m'a semblé assez intéressante à traiter, c'est l'étymologie du mot DOMFRONT. Jusqu'à ce jour plusieurs auteurs se sont prononcés, mais tous lui donnent un sens différent.

Pour moi, j'ai fait des recherches sérieuses, et c'est à l'évêché du Mans que j'ai trouvé, je crois, le moyen de trancher le nœud qui jusque là avait semblé si difficile à dénouer. Mais ce n'est point ici le lieu de commencer une discussion, puisque, dans le courant de ce petit ouvrage, je serai forcé de revenir à ce sujet.

Voici donc, cher lecteur, le but que je me suis proposé ; être simple et vrai et, si tu es habitant de Domfront, j'espère que tu ne liras pas sans quelque intérêt le récit de tous les beaux faits d'armes qui se sont accomplis à l'ombre des murs épais du vieux château et, en passant à ses pieds, tu admireras cette vieille ruine si fièrement plantée et qui semble un mausolée placé par le temps et par lui respecté, sur la tombe de ses illustres défenseurs.

Si tu es étranger, l'intérêt sera moins vif, mais, avant de quitter la vieille cité, tu iras saluer notre ruine chérie, et tu diras: ce sont de vaillants chevaliers qui se sont battus dans ces murs.

INTRODUCTION.

Avant d'entrer en matière, nous croyons de quelque utilité de parler de la Normandie, non pas que nous veuillions faire ici l'histoire de cette province, ce qui nous entraînerait à des longueurs, non, deux mots nous suffiront pour mettre le lecteur au courant des faits qui se sont passés en Normandie avant l'existence de la ville de Domfront, qui étant enclavée au milieu de cette province, en a toujours dépendu.

Les premiers possesseurs connus de la Normandie furent les Gaulois. Vient Jules César qui traverse la Gaule en vainqueur, soumettant tout à sa puissance et s'appropriant les contrées qu'il traversait.

La Normandie ne fut point épargnée, et les Gaulois qui, pendant des siècles, l'avaient eue en leur pouvoir, cédèrent à la puissance des Romains qui, s'en étant emparés, la mirent au nombre des provinces formant la deuxième Lyonnaise.

Jusqu'en l'an 400, les Romains restèrent paisibles possesseurs de leur conquête, mais après avoir chassé les Gaulois devant eux, il fallut céder à leur tour. Pharaon arrivant à la tête de ses Francs vainquit les légions Romaines, les chassa hors des terres qu'elles avaient si longtemps occupées, en prit possession, et forma le royaume de France.

Plus tard Clovis forma la Normandie en province, ayant son chef à elle, et pouvant faire la guerre à ses frais, mais se reservant toutefois la haute main, et exigeant que les ducs rendissent hommage au roi.

Pendant près de six siècles, la face des choses ne subit aucun changement. La paix et la tranquilité ne cessèrent de régner dans toute la Normandie. La terre était bien cultivée, les seigneurs protégeaient leurs vassaux sans les tyranniser, on pouvait se croire à l'âge d'or.

Ces temps heureux passèrent vite, après le calme vint l'orage. Vers le commencement du dixième siècle, des hordes d'aventuriers quittant le Danemarck, leur patrie, sur de frêles esquifs qu'ils manœuvraient avec une grande adresse, vinrent faire une descente sur les côtes de la Neustrie.

Les paisibles Neustriens surpris de cette attaque imprévue, épouvantés du tumulte de la guerre auquel ils n'étaient plus habitués, cédèrent sans beaucoup de résistance sous la violence des coups de leurs ennemis. Tout fut mis au pillage, rien ne pouvait arrêter ces barbares qui saccagèrent toute la contrée, et y commirent des crimes abominables.

Charles-le-Chauve, roi de France, voulant se débarrasser de ces hôtes incommodes, leur offrit de fortes rançons qu'ils se hâtèrent d'accepter. Puis, remontant sur leurs barques, ils reprirent le chemin de leur patrie.

Charles, en leur offrant ces rançons, avait cru les éloigner pour toujours de la France, mais il s'était trompé, il n'avait fait qu'exciter leur cupidité, et l'espoir de remporter de nouveaux trésors les fit revenir à la charge avec une nouvelle ardeur. Leur hardiesse, loin de diminuer, n'avait fait qu'augmenter; l'or ne pouvait plus leur suffir, ils voulaient posséder cette terre qu'ils venaient de saccager, aussi s'avancèrent-ils trois fois jusque sous les murs de Paris, mais trois fois ils furent repoussés.

Charles-le-Simple, voulant mettre un

terme à ces vexations, leur offrit non plus des joyaux et de l'or, mais bien à leur chef Rolo, la main de sa fille Giselle, avec la Neustrie pour dot. Pour toute condition, Rolo devait se convertir au christianisme et rendre hommage au roi de France. — L'offre était trop avantageuse pour que Rolo la refusât, il accepta donc, et Franchon, archevêque de Rouen, le baptisa dans cette ville où il fixa la capitale de son duché. Puis il fut rendre hommage au roi.

Là, nous nous arrêtons, nous sommes arrivés où nous voulions; nous avons vu la province se former, changer trois fois de nom; nous sommes arrivé au dernier, la Normandie; c'est sous cette dénomination que nous allons la revoir maintenant; quant à ses ducs, nous aurons souvent l'occasion d'en parler dans cet écrit.

HISTOIRE

DE LA

VILLE DE DOMFRONT

ET DE

SES SEIGNEURS.

CHAPITRE I.

*Quelques mots sur Domfront, son origine et
son étymologie.*

Bâtie sur la pointe escarpée d'un rocher,
la ville de Domfront occupe une des posi-
tions les plus pittoresques qu'il soit possible de rencontrer. Sur le sommet de la
roche se dressent les ruines du vieux château ; à vos pieds le rocher est taillé à pic;
en face, le tertre Grisière vous présente
son flanc déchiré et, entre ces deux murailles de granit, qui semblent n'avoir été
séparées l'une de l'autre que par quelque
grande convulsion de la nature, coule
calme et limpide la petite rivière la Va-

renne; sur ses bords un petit village et son moulin ; plus loin, vers le sud, l'église de Notre-Dame-sur-l'Eau, dont nous parlerons tout-à-l'heure, puis un horizon d'une énorme étendue qui se déroule devant vous, et qui semble presque une forêt, tant ce pays où la Varenne se déroule en nœuds argentés, est couvert d'arbres.

Vers l'est, le terrain descend en pente rapide, et c'est sur ce versant qu'est bâtie, en amphithéâtre, la ville dont nous essaierons de tracer l'histoire.

Par sa position topographique, la ville de Domfront était anciennement une des cités, sinon la plus importante, du moins la plus utile aux ducs de Normandie. En effet, située à l'extrémité ouest de cette contrée, elle était placée là comme une barrière contre les attaques des seigneurs Bretons et Manceaux qui eussent voulu envahir les domaines de leurs voisins. — Il fallait bien que les ducs Normands pensassent ainsi, puisque, dès les premiers siècles, ils surent trouver ce rocher enfoui au milieu d'immenses forêts, et construire à son faîte une forteresse presqu'imprénable.

Préciser l'époque à laquelle Domfront a commencé d'être, nous semble chose impossible. Les archéologues les plus versés dans cette science seraient eux-mêmes embarrassés pour donner une date précise à la naissance de cette vieille cité normande.

Jusqu'au VIme siècle, un voile épais nous cache tous les évènements qui ont pu s'accomplir à l'ombre des forêts d'Andaines et du Passais, qui couvraient alors tout le pays.

Il est impossible de douter des mœurs des habitants de ces sombres demeures ; nous avons à chaque pas des preuves que les druides y ont accompli leurs sanglants sacrifices. Plusieurs pierres que l'on voit, les unes dans la forêt d'Andaines, les autres dans le canton de Passais, en sont la preuve irrécusable.

Des pièces Romaines retrouvées dans les environs de Domfront ont fait supposer que les Romains avaient habité ces contrées. Ce raisonnement nous semble un peu forcé ; on peut déduire de là que les armées de César ont traversé le pays de Domfront, mais ce que nous ne pouvons croire, c'est qu'elles s'y soient jamais arrêtées, car nous ne retrouvons aucun de ces monuments que ce peuple géant semait partout sur son passage, commé pour apprendre aux siècles à venir combien grande était sa puissance. Pourtant nous lisons dans *Hermant, hist. du dioc. de Bayeux*, que la route qui conduisait à Chanu (à quelques lieues de Domfront), était pavée de grandes pierres recouvertes de terre, et passait pour un ouvrage de l'empereur Antonin, qui l'aurait fait construire pour faciliter la marche de ses troupes vers l'Angleterre.

C'est, ce nous semble, encore une preuve à l'appui de ce que nous avancions tout-à-l'heure que, si les légions romaines étaient passées par Domfront, c'était sans s'y arrêter.

C'est seulement vers le commencement du VIme siècle que le voile commence à s'écarter. Nous savons qu'à cette époque St-Innocent, évêque du Mans, envoya des missionnaires chargés de convertir au christianisme les peuplades presque sauvages perdues sous ces immenses solitudes.

De savants étymologistes ont fait de longues et sérieuses recherches sur l'origine du mot Domfront; les uns, en réunissant plusieurs mots sceltiques, ont vu que Domfront voulait dire : *Maison bâtie sur une élévation.* — Les autres, cherchant un sens plus sérieux, le font dériver de *dam* et de *frons*, *front des Normands*. La position qu'occupe Domfront pourrait donner raison.à cette dernière étymologie, et pourtant il nous semble qu'elle s'éloigne de la vérité autant que la première. Nous ne savons si nous sommes dans le vrai, mais voici, selon nous, la véritable étymologie de Domfront.

Comme nous venons de le dire, saint Innocent avait envoyé des missionnaires pour convertir les habitants de ces forêts. Parmi ces hommes qui se sacrifiaient avec tant de dévouement, qui s'exposaient à être pris eux-mêmes comme victimes de l'un de ces sacrifices humains, offerts par ces peuples à leurs dieux sanguinaires, s'en trouvait un du nom de Front, qui, ajoute la chronique, était venu s'établir vers l'ouest, sur le sommet d'un rocher à pic.

M. L. Dubois prétend que ce n'est point du nom de ce saint que peut dériver Domfront, parceque, dit-il, on l'écrivait *Fludualdus*. Nous croyons que M. L. Dubois est dans l'erreur ; nous sommes allé à la source, c'est-à-dire dans les archives de l'évêché du Mans, et voici une légende que M. le secrétaire de Mgr l'évêque du

2.

Mans a eu la bonté de nous transmettre, et qui prouve assez que Front ne s'écrivait point Fludualdus.

Cette légende est de M. de Tressan, et porte la date de 1693. En voici une partie: *Domus Frontonis, vicini quæ pagi provinciæ cenomanensis vitiorum hostem, propugnatorem virtutum accerrimum admirati sunt.*

Mais ce passage pourrait encore laisser quelques doutes; ce pourrait bien être un autre Front, on ne parle point que ce fût le *solitaire*, voici quelques mots du commencement de cette légende, qui prouvent que c'est bien du solitaire Front de qui l'on veut parler: *Diem quoque istam insignem reddit sancti FRONTONIS MONACHI veneratio.*

Il n'y a donc plus de doute possible, c'est bien à saint Front, solitaire, *sancti Frontonis monachi,* à qui l'on adresse des prières en ce jour.

Il nous semble donc certain que c'est bien de là que vient Domfront, on trouve dans cette légende le mot formé tout entier, *Domus Frontonis,* Domfront. Ce qui prouverait encore assez que nous avons raison, c'est que les compagnons de saint Front, qui étaient venus prêcher avec lui dans le pays, ont tous laissé leur nom

aux endroits où ils s'étaient établis. Tels
sont : saint Bômer, saint Fraimbault, saint
Siméon , et tant d'autres.

Dans un autre endroit , M. L. Dubois
semble lui-même nous donner raison ; il
dit que l'on doit appeler les habitants de
Domfront, *Domfrontins ;* mais nous sommes
d'accord , *Domus Frontonis* doit bien faire
Domfrontins , et puisque le nom des habitants dérive de celui du saint, pourquoi le
nom de la ville n'en viendrait-il pas aussi?

Maintenant que nous connaissons le
nom de notre ville , voyons comment les
quelques misérables cabanes, que de nouveaux croyants étaient venus grouper autour de la cellule du saint homme qui ,
chaque jour, les prêchait d'exemple, fini-
rent par former une ville petite, il est vrai,
mais qui pourtant n'était pas sans avoir
quelqu'importance , dans ce temps où la
loi du plus fort était toujours la meilleure.

Après avoir instruit ces hommes de la
religion , saint Front songea à leur faire
utiliser, pour leur bien-être personnel, les
immenses terrains qui les environnaient.
Il mit le premier la main à l'œuvre , et
bientôt un petit rayon de terrain se trouva
défriché et cultivé. — Ces hommes pouvant se suffire à eux-mêmes n'essayèrent

point à entrer en communication avec les autres habitants du globe. L'univers, pour eux, c'était leur coin de champ, aussi des siècles entiers se passèrent-ils sans amener de changement à cet état de choses.

C'est avec raison que nous disons des siècles, car c'est seulement vers 1011, d'autres disent 1026, que les ducs de Normandie songèrent à utiliser cette position si importante pour toute la contrée.

C'est vraiement à partir de cette époque que date l'origine de Domfront. Les cabanes se changent en maisons, les champs sont creusés pour faire des fossés, on entasse rocs sur rocs pour élever des remparts, et un château énorme s'élève sur la crête du rocher, dominant toute la contrée de sa masse imposante.

CHAPITRE II.

Construction du château de Domfront et des fortifications. — Règne des ducs de Bellême.

Le château de Domfront fut bâti en 1011, par Guillaume de Bellême. — Il semble étrange au premier abord de voir les ducs de Bellême en possession de ces contrées, qui sont situées à une assez grande distance des domaines de ces seigneurs. Nous croyons donc de quelqu'utilité d'expliquer au lecteur comment Yves de Bellême, père de Guillaume, entra en possession de ces domaines.

Richard, duc de Normandie, laissé encore enfant entre les mains de Louis d'Outremer, eut beaucoup à souffrir de la perfidie de ce prince. En public c'était son *enfant chéri*, mais dans l'ombre tous les tourments étaient infligés à cette faible créature, qui était forcée de les accepter sans se plaindre. Toutes ces infâmes menées de la part de Louis avaient pour but de faire disparaître l'héritier du duché de Normandie, pour s'en emparer.

Mais la fidélité veillait sur l'innocence; de vieux amis du feu duc surveillaient les projets de Louis, car ils s'étaient chargés de conserver les intérêts de leur jeune seigneur.

Yves de Bellême était au nombre des loyaux chevaliers qui devaient défendre Richard en cas de péril. — Les manœuvres de Louis passèrent d'abord sous silence, mais le vieil Argus n'était point endormi, et au moment du danger, il fit appel à l'honneur de tous les chevaliers Normands, puis il appela à son secours quelques-uns de ces Danois qui avaient déjà fait plusieurs descentes sur nos côtes.

Ces derniers accoururent à l'appel, et, en 944, ils arrivèrent en armes et aidèrent aux fidèles Normands à rendre à Richard le duché de ses pères.

Quoique bien jeune, Richard se souvint des seigneurs qui l'avaient tiré des mains de son persécuteur; à tous il donna une récompense. A Yves, il fit don des terrains situés entre Alençon et Domfront, en lui imposant toutefois comme condition de construire un château fort, dans chacun de ces deux endroits.

Yves accepta ces conditions, mais il ne put les remplir; la mort vint le surprendre avant qu'il eût commencé. En mourant, il recommanda à Guillaume, son fils, de faire construire ces forteresses, sans aucun délai.

Guillaume remplit les dernières volontés de son père ; — à peine en possession de ses nouveaux domaines, il fit commencer les travaux, et bientôt un énorme château carré, flanqué de quatre tours, s'éleva sur la pointe escarpée du rocher, là où on en voit encore les ruines.

De trois côtés cette forteresse était inaccessible, partout des précipices d'une profondeur effrayante, un seul sentier taillé dans le roc donnait accès aux gens du château.

Guillaume offrit de grands avantages aux habitants qui vinrent se fixer autour de sa nouvelle forteresse. Aux uns il donna une grande étendue de terrains à défricher, et aux privilégiés il accorda des titres de bourgeoisie, mais à une condition expresse, c'est que ces derniers s'établiraient les gardiens de son château.

En 1014, Guillaume, comprenant qu'avec son château seul il ne pourrait fournir une longue résistance, et qu'une troupe un peu nombreuse aurait bientôt délogé sa garnison, songea à fortifier la ville. Il fit construire, à cet effet, un cercle de hautes murailles, puis il les flanqua de fortes tours. On en compta jusqu'à 24, et ce fut dans ces tours qu'il caserna la garnison chargée de la défense de la ville.

Aujourd'hui il nous reste encore quelques-unes de ces vieilles tours ; presque toutes sont demantelées et en ruines ; quelques-unes, et c'est le petit nombre, conservent encore leurs créneaux.

Guillaume, après avoir bâti et fortifié son château, pensa à doter le pays de maisons religieuses. Il fit donc bâtir l'église de Notre-Dame-sur-l'Eau, sur le bord de la Varennes, et presqu'au pied du rocher où est perché Domfront, puis il y fonda un prieuré.

Asvegau, son frère, évêque du Mans, le supplia de faire construire une abbaye, le laissant choisir le lieu où il lui conviendrait de la bâtir. Guillaume, cédant aux instances de son frère, choisit une position à environ deux lieues de Domfront, et là il fit construire l'abbaye de Lonlay, puis il la donna à des moines de l'ordre de saint Benoît.

Richard, duc de Normandie, étant venu à mourir, Robert-le-Magnifique, son successeur, ordonna à tous les seigneurs Normands de venir lui rendre hommage.

Notre duc Guillaume qui, par l'étendue de ses domaines, se croyait presque l'égal de Robert, refusa formellement de se soumettre à cette exigence. A peine Robert eut-il reçu ce refus, qu'il se mit en marche, et vint camper sous les murs d'Alençon. Il bloqua la ville, et fit dire à Guillaume qu'il ne quitterait la place qu'après soumission pleine et entière de la part de son fier ennemi, ce qui ne se fit pas attendre. Guillaume donna l'ordre d'ouvrir les portes.

Alors Robert exigea que le duc de Bellême sortît de la ville, une selle sur le dos, et qu'il vînt, pieds nus, lui rendre hommage devant sa tente. — L'humiliation était grande, mais force fut à Guillaume de s'y soumettre, — aussi jura-t-il, au fond de son cœur, tout en faisant la protestation d'usage, de s'en venger tôt ou tard.

On comprend facilement qu'un homme, un grand seigneur habitué à voir tout plier devant lui, et qui, pour complaire au caprice d'un vainqueur, se voit forcé d'abdiquer tout sentiment de dignité personnelle, forme et met à exécution des projets de vengeance, c'est ce qui eut lieu pour notre duc Guillaume.

Dès qu'il apprit que Robert était rentré dans sa capitale, il envoya ses deux fils, Foulques et Robert, pour saccager les terres du duc de Normandie.

La haine du père était passée dans le cœur des fils, rien ne fut respecté par eux ; ils prélevèrent des rançons dans tout le pays qu'ils parcoururent, quand ils ne détruisaient pas les moissons. Robert-le-Magnifique, las de tant de vexations, envoya une petite armée à la poursuite des pillards. Pendant long-temps, Foulques et les quelques aventuriers qu'il remorquait après lui, évitèrent toute rencontre avec les soldats du duc ; enfin, se voyant cernés dans la forêt de Bellou, il leur fallut en venir aux mains.

L'engagement fut sérieux ; — de part et d'autre on se battit avec courage ; chaque arbre était une embuscade derrière laquelle se cachait un ennemi ; les soldats se battaient corps à corps, ce n'était plus une bataille rangée, mais bien autant de combats particuliers, où l'un des combattants devait joncher le sol et le couvrir de son sang. Mais dans un tel combat, il faut des forces égales, et les soldats du duc de Normandie étaient plus nombreux. Les de Bellême furent vaincus

par le nombre. Presque tous les soldats
de Foulques étaient étendus sur le champ
de bataille ; lui-même, couvert de nobles blessures, gisait mort au milieu de
cadavres d'amis et d'ennemis. Robert, son
frère, ne dut la vie qu'au courage d'un de
ses soldats qui l'enleva du milieu de la
mêlée.

Robert revint aussitôt au château de
Domfront où se trouvait Guillaume, et là
il lui fit le récit de sa défaite, tout couvert du sang qui coulait encore de ses
larges blessures.

Guillaume, qui déjà était indisposé, fut
pris d'une si grande douleur en apprenant
la mort d'un de ses fils, mort dont lui
seul était cause, et en voyant les blessures de son autre enfant, blessures qui
faisaient craindre pour ses jours, qu'il
en mourut peu de jours après. On rendit
à sa dépouille de grands honneurs, et son
corps fut déposé dans l'église de Notre-
Dame, qu'il avait fait bâtir.

On voit encore aujourd'hui, dans cette
église, un tombeau en pierre blanche, re-
présentant un chevalier couché l'épée au
côté ; sur sa poitrine est posé un poignard
dans sa gaine, ses pieds sont appuyés
contre un lion couché, deux anges sou-

tiennent sa tête posée sur un oreiller, et au-dessus est un dais gothique. Plusieurs personnes ont cru que ce tombeau pouvait être celui de Guillaume de Bellême ; il est bien probable qu'elles sont dans l'erreur, et que ce n'est qu'un mausolée élevé par quelque famille noble du pays, sur les restes mortels de l'un de leurs parents.

En effet, M. de la Sicotière, auquel nous empruntons cette idée, donne à l'appui de ce qu'il avance la forme du dais. Si ce tombeau était celui de Guillaume, le dais serait dans le style roman, tandis qu'il est entièrement gothique. Il est fâcheux que les armes qui étaient gravées sur les écussons soient entièrement effacées, ce serait, pour les archéologues, le moyen de retrouver à quelle famille appartenait cette tombe.

De tous les seigneurs qui ont possédé la vicomté de Domfront, Guillaume est le seul qui ait pensé à laisser à la postérité quelque souvenir de ces temps héroïques. En effet, le château de Domfront, les fortifications, l'église de Notre-Dame et l'abbaye de Lonlay, sont les seuls monuments historiques qui existent dans le pays, et tous ont été élevés par Guillaume de Bellême.

Guillaume, en mourant, laissa la vicomté de Domfront à son fils Varin. Ce
jeune seigneur, fier de ses nouveaux titres, traita ses gens avec tant de hauteur
et de dureté, que bientôt il se vit détesté
de tous ceux qui étaient obligés d'appro-
cher de sa personne.

Tous ceux qui l'entouraient étaient autant d'ennemis qui semblaient l'estimer,
et dont la haine était d'autant plus à
craindre qu'elle était refoulée au fond de
leurs cœurs.

Cette haine concentrée ne tarda pas
à éclater; on forma un complot, et, un
matin, on trouva Varin étranglé dans son
lit. Quelques gens superstitieux affirmè-
rent que le diable n'était point étranger à
ce meurtre, et les moines, ayant l'espoir
d'y gagner quelques messes, s'empressèrent d'appuyer cette assertion ridicule.

Ce Varin mourut sans laisser de lui un
souvenir sur terre; il ne fonda aucun
établissement, et laissa toute la contrée
qu'il avait gouvernée pendant bien peu
de temps, il est vrai, telle qu'il l'avait
trouvée.

Varin mort, son frère Robert, que nous
venons de voir dans la forêt de Bellou,
aux prises avec les troupes du duc de

Normandie, lui succéda, et lui, aussi, se rendit malheureusement indigne du titre qu'il portait.

Ce fut pendant qu'il commandait à Domfront, que Martel, comte d'Anjou, vint mettre le siége devant cette ville. Les forces qu'il amenait avec lui étaient considérables, aussi la faible garnison de Domfront, malgré une vaillante défense, fut-elle obligée de se rendre en présence du nombreux corps d'armée qui se pressait sous nos murs.

— 1048. — Martel entra victorieusement dans Domfront, prit possession du château où il laissa une forte garnison, puis quitta la ville avec une troupe assez nombreuse, pour saccager tout le pays.

Martel et les siens parcoururent le Passais, pillant et saccageant tout sur leur passage. D'abord ils ne s'éloignèrent pas de la ville, mais bientôt l'appât du gain les entraina plus loin qu'ils n'auraient dû le faire ; ce fut leur malheur. Guillaume, duc de Normandie, accouru au secours de Domfront, s'interposa entre Martel et la garnison qu'il avait laissée dans le château.

Malgré la position occupée par Guillaume, Martel avançait toujours sur

Domfront, ce que voyant, le duc de Normandie dépêcha à Martel quelques jeunes
chevaliers, avec ordre de lui demander
s'il venait pour porter secours à la place
assiégée; la réponse étant affirmative, un
des chevaliers normands répondit au duc
d'Anjou:« que Guillaume s'était établi gar-
dien des portes, et qu'il le verrait de
bon matin, montant un cheval bai, por-
tant un écu tout vermeil, et au bout de
sa lance, une guimpe à dame pour lui
essuyer le visage. »

Le défi était lancé; les deux armées se
préparèrent au combat. — Guillaume,
voulant autant que possible éviter l'effu-
sion du sang, essaya d'effrayer l'ennemi,
en faisant courir le bruit que la garnison
s'était rendue. A cette nouvelle, le duc
d'Anjou fait décamper son armée, et,
sans attendre les chances d'une bataille
rangée, se retire en bon ordre.

Grâce à cette ruse de Guillaume, la
garnison qui occupait le château, se voyant abandonnée, se rendit, et les Normands entrèrent dans la place sans coup
férir.

Robert rentra alors en possession de
Domfront, mais ce ne fut pas pour long-

temps, car, enfermé dans la prison de Ballon, il y mourut assassiné.

Le digne successeur de Robert fut son frère Guillaume. Il semblait que la méchanceté était, comme les titres, héréditaire dans cette malheureuse famille. Déjà Varin et Robert avaient effrayé tout le pays par leur cruauté, Guillaume sembla vouloir les surpasser tous. Sa dureté de cœur ne se faisait pas seulement sentir à ses inférieurs, ses plus proches parents eux-mêmes étaient maltraités par lui comme le dernier de ses vassaux.

Un chroniqueur rapporte qu'il fit lâchement assassiner sa femme Hidulphe, avec laquelle il avait eu deux enfants, Arnoult et Mabile. Une pareille cruauté révolte tout cœur honnête, aussi reçut-il le surnom de Talvas, *qui pro duritia jure Talvatius vocabitur.*

Il lui fallut expier ses crimes plus longuement que ses devanciers; il ne fut point comme eux assassiné, mais honteusement chassé de ses domaines, par plusieurs seigneurs qui avaient formé une conspiration. On dit même que son fils Arnoult aida ces seigneurs mécontents de ses conseils.

Fugitif, détesté, Guillaume alla frapper à la porte du comte de Montgomery, qui lui offrit une généreuse hospitalité. Guillaume accepta, et, en reconnaissance, donna sa fille Mabile à Montgomery. — Guillaume épousa en secondes noces la fille du vicomte Rodolphe de Beaumont.

Le repentir s'empara sans doute de cette âme perverse, car il suivit Guillaume, duc de Normandie, en terre sainte, où il mourut sans doute, la date et le lieu de sa mort étant restés inconnus.

Arnoult, après avoir honteusement chassé son père, s'empara de la vicomté de Domfront. Lui aussi fut cruel et despote, tout devait plier sous sa volonté de fer, ni parents ni amis n'étaient par lui respectés. Blivarus, un de ses parents, se chargea de le punir de sa méchanceté ; il profita d'un moment où Arnoult était seul dans une des vastes salles du château, pour se précipiter sur lui et lui enfoncer son poignard dans le cœur.

Avec Arnoult s'éteignait la race mâle des ducs de Bellême ; Mabile, épouse de Montgomery, était le dernier rejeton de cette illustre famille, aussi entra-t-elle en possession de la vicomté de Domfront, puis elle en fit don à son mari.

Le règne de Montgomery fut de courte durée , et sous lui le plus grand calme ne cessa de régner dans toute la vicomté.

A Montgomery succéda son fils Robert, mais sous son règne Domfront eut encore un siége à soutenir.

En 1089 , Rotrou , comte de Mortagne, vint mettre le siége sous les murs de Domfront. Il fit de très - grands préparatifs pour l'attaque , mais ce fut pour lui peine perdue. La garnison de Domfront, renforcée des habitants , fit si bonne contenance qu'il fut obligé de s'éloigner.

Arnoult mourut peu de temps après, et avec lui finit la famille des de Bellême qui , en majeure partie, avaient plutôt été tyrans que bons princes.

CHAPITRE III.

Les habitants de Domfront offrent la vicomté
à Henri d'Angleterre.

Effrayés de la méchanceté des ducs de
Bellême, et las des souffrances que leur
faisait endurer tant de despotisme, les
Domfrontins secouèrent le joug et dépu-
tèrent Achard, leur gouverneur, auprès
de Henri, frère de Robert III, duc de Normandie, pour lui offrir la vicomté de Domfront, s'engageant à lui *livrer et bailler
armes et argent.*

Henri s'empressa d'accepter cette offre,
et quittant le Mont-St-Michel, où il se
trouvait, il s'avança vers Domfront, et
là, aidé des habitants, il chassa la garnison laissée par Montgomery, et s'empara de la place.

Après avoir aidé Henri à s'emparer de
la ville, les Domfrontins s'empressèrent
de rendre hommage à leur nouveau seigneur, et lui firent un charmant accueil.
Henri reconnaissant s'engagea à garder la
place tant qu'il viverait, et à lui porter
secours et protection contre ses ennemis,
puis il confirma Achard dans ses fonctions
de gouverneur.

Henri, devenu possesseur de Domfront, pensa à augmenter et à consolider les anciennes fortifications. Il mit aussitôt les ouvriers à l'œuvre, et en peu de temps les travaux furent achevés.

Cette besogne terminée, Henri qui, avec son esprit turbulent ne pouvait avoir un instant de repos, arma en guerre une troupe assez nombreuse et partit pour saccager les terres de Robert, son frère. — Tout fut détruit sur son passage ; il parcourut le pays, pillant et brûlant partout.

Malgré son amour du désordre, Henri, en général habile, ne s'éloigna jamais trop de son centre d'opération ; il était toujours prêt à rebrousser chemin pour venir s'abriter derrière les murailles de Domfront.

Grand bien lui prit d'agir avec autant de prudence, car Robert, son frère, ennuyé de se voir si indignement pillé, fondit sur sa troupe comme une flèche, et arriva presqu'aussitôt que lui en vue de Domfront.

Robert essaya d'abord d'affamer les habitants et la garnison, mais la place était bien pourvue, et Henri tenait bon, faisant de fréquentes sorties vigoureusement dirigées. A la dernière, Robert fut obligé de décamper, abandonnant la place et laissant ses munitions au pouvoir de l'ennemi.

Peu de temps après, Robert étant parti pour Jérusalem, confia la garde de son duché à son frère Henri, qui resta paisiblement à Rouen jusqu'à 1100.

C'est vers cette époque que mourut Guillaume, roi d'Angleterre. Henri n'apprit point cette nouvelle sans avoir un désir immodéré de s'emparer du trône devenu vacant. Pendant quelque temps il résista encore, mais bientôt, cédant à sa fougue, il arma une flotille, et se rendit à Londres, où il se fit couronner sans trop de difficulté.

Robert ayant accompli son pélerinage en terre sainte, revint en France. En mettant le pied sur le sol natal, il se trouva dépouillé de tous ses biens. En effet, Henri avait la couronne d'Angleterre et le duché de Normandie, ce dernier, il est vrai, à titre de dépôt. — Robert supplia longtemps son frère de lui rendre au moins quelques-uns de ses domaines, mais Henri s'y refusa d'abord positivement, alors Robert passa en Angleterre avec plusieurs seigneurs Normands, parmi lesquels se trouvait Montgomery, pour forcer son frère à lui rendre ce qui lui appartenait. Ce dernier lui rendit toutes les places de la Normandie, à l'exception de Domfront, qu'il s'était engagé à garder jusqu'à sa mort. Il s'exprime en ces termes, dans la chartre de donation : *Quia quando Henricum intromiserunt, jure jurando pepigerat, quod nunquam eos de manu sua poneret, nec leges eorum nec consuetudines mutaret.*

Quatre ans après avoir fait cette chartre de donation en faveur de son frère, Henri revint à Domfront en compagnie des comtes de Meulan, de Monfort, d'Aumale et de Mortagne. Les Domfrontins le reçurent avec de grandes acclamations de joie, puis tous les seigneurs des environs vinrent lui rendre leurs hommages. Lui, installé dans son château avec toute sa suite, reçut et rendit des présents dignes d'un souverain.

Henri n'était pas venu à Domfront seulement pour recevoir les hommages de ses vassaux et les présents de ses amis ; son voyage, sous une apparence des plus pacifique, ne laissait pas d'avoir pour lui un côté très-sérieux.

L'esprit turbulent de notre prince ne lui laissait pas un instant de repos ; il lui fallait le mouvement et le bruit des camps, il lui fallait la guerre, fut-ce même contre son propre frère. Il utilisa donc son voyage qui, aux yeux de tous, passait pour une simple promenade, en sondant l'esprit des seigneurs d'alentour.

Il leur fit un accueil des plus gracieux pour les attirer dans sa cause, et enfin, quand il crut par ses bons procédés s'être assuré leur concours, il leur proposa de chasser son frère Robert de son duché de Normandie, leur promettant à tous de belles récompenses.

Quelques-uns se laissèrent entraîner par ses paroles insidieuses, et lui jurèrent fidélité, lui promettant aide et protection; à d'autres moins faciles à convaincre, il fallut faire de riches présents, enfin il obtint des récalcitrants, par la force, ce que l'adresse n'avait pu lui faire avoir.

Certain d'avoir gagné un bon nombre de seigneurs à sa cause, il se mit en marche pour ravager le pays. Le Passais d'abord, et la Normandie entière ensuite eurent à souffrir de la guerre acharnée que se firent ces deux frères ennemis.

Pendant longtemps, Henri marcha avec assurance, détruisant tout sur son passage, rien par lui n'était respecté ; mais évitant toujours de se rencontrer avec l'armée que Robert avait mise à sa poursuite. A force de détours, il réussit à se rapprocher de Domfront, le seul refuge qu'il eût alors en Normandie, car l'ennemi était sur ses talons. Robert comprit cette tactique, et vint lui barrer le passage au moment où il allait gagner notre ville et se défendre derrière ses remparts.

Le 27 septembre 1106, les deux armées se rencontrèrent devant Tinchebray, à peu de distance de Domfront. C'est devant cette ville qu'eut lieu ce combat fratricide qui eut des suites si terribles pour le vaincu, et qui déshonora le vainqueur à tout jamais.

Mais n'anticipons point sur les faits, assistons un instant à cette bataille, plus tard nous en verrons les conséquences, si désastreuses pour tout le pays.

Bataille de Tinchebray.

Si, par ses bons procédés, Henri avait su se faire quelques amis dans le pays, il avait encore à craindre des ennemis bien redoutables. Guillaume, comte de Mortain, était de ce nombre. Parent des ducs de Normandie, il avait compté quelque peu sur la couronne d'Angleterre ; Henri venait de lui enlever son dernier espoir. Puis il pensait que si le roi d'Angleterre venait à être duc de Normandie, il pourrait bien, lui, son ennemi, se voir dépouillé de son comté.

Mu par ces pensées, il fit tout son possible pour arrêter la marche de l'armée Anglo-Normande. Il réunit donc un bon nombre de braves et loyaux chevaliers, et sous les yeux des troupes d'Henri, il entra dans Tinchebray, où il installa sa petite armée, puis il fit couper toutes les récoltes encore vertes, pour servir de fourrages.

Guillaume avait une telle réputation de bravoure, qu'aucun des chefs de l'armée d'Henri, qui pour lors était absent, n'osa s'opposer à son entrée dans Tinchebray.

Henri, furieux du succès que venait d'obtenir le comte de Mortain, arriva en toute hâte devant la place, avec toutes les forces dont il pouvait disposer.

Guillaume, de son côté, avait utilisé son temps ; il avait appelé à son secours Robert de Bellême et tous les autres sei-

4.

gneurs Normands restés fidèles à leur souverain, puis il avait averti le duc Robert de ce qui se passait, le priant de hâter sa marche pour faire décamper Henri, ou lui livrer bataille.

Robert qui était toujours sur le *qui vive*, accourut en toute hâte à Tinchebray, et là il somma son frère Henri de se retirer de devant cette place qui lui appartenait. Henri envoya pour réponse un refus formel de se rendre aux ordres de son frère.

Ce refus était pour les deux armées le signal du combat, aussi de part et d'autre donna-t-on dès ordres pour engager la bataille.

Henri avait divisé son armée en cinq corps; Ramulphe de Bayeux, Robert de Meulan et Guillaume de Varennes furent chargés du commandement des trois premiers corps d'attaque; l'infanterie Anglaise et Normande marchait sous les ordres d'Henri, puis Hélie, formant la réserve, dut se tenir à l'écart avec les auxiliaires Manceaux et Bretons, avec ordre de fondre sur l'ennemi, partout où le besoin serait le plus pressant.

Plusieurs barons Normands, plus fidèles à la fortune qu'à la foi jurée, marchaient aussi sous la bannière du roi d'Angleterre;

c'étaient entr'autres : Guillaume, comte d'Evreux, les sirs de Montfort, de Conches et de Grand-Mesnil.

L'armée Normande qui était beaucoup moins nombreuse, n'était divisée qu'en trois corps ; Guillaume de Mortain commandait la première colonne, le duc Robert occupait le centre, et le corps de de Bellème formait l'arrière-garde.

C'était le 27 septembre 1106 ; — dès le matin, les deux armées sont rangées en bataille, attendant avec impatience l'ordre de fondre sur l'ennemi.

Enfin le signal vient de sonner... Normands, Bretons, Anglais et Manceaux se précipitent les uns contre les autres avec une égale fureur. Le premier choc fut terrible, la mêlée épouvantable et d'autant plus meurtrière, que l'on combattait corps à corps et avec la fureur des tigres.

Jamais on ne vit pareille mêlée ; les deux armées semblaient n'en plus former qu'une, tellement leurs rangs étaient confondus ; les chefs eux-mêmes étaient descendus au rôle de simple soldat ; comme eux ils se battaient corps à corps, et leurs coups n'étaient pas les plus mal donnés. Guillaume renversait tout sur son passage, rien ne pouvait résister au choc de sa terrible épée.

Le bruit des armes était couvert par les cris que poussaient les combattants et les plaintes des blessés ; on eût dit que la haine des deux frères était passée dans l'âme de leurs guerriers.

Plus d'une fois la valeur des braves Normands et le courage de leurs chefs firent pencher la victoire de leur côté. Déjà même l'armée d'Henri hésitait, les chefs obligés de reculer sous les coups de l'ennemi, pensaient à faire sonner la retraite, lorsqu'Hélie, avec ses troupes fraîches, tomba sur l'ennemi et força la victoire à revenir du côté d'Henri.

La déroute des Normands fut complète, chacun était parti sans ordre, cherchant son salut dans la fuite, mais au moment où ils croient pouvoir goûter un peu de repos après une aussi rude journée, ils s'aperçoivent qu'ils sont cernés, les vainqueurs les ont suivis, peu à peu leur cercle se retrécit, ils ne peuvent s'échapper.

Tous les chefs tombèrent au pouvoir de l'ennemi, un seul réussit à s'échapper, ce fut Robert de Bellême.

Henri était au comble de la joie. il venait de gagner une bataille décisive, son frère était en son pouvoir avec ses plus fidèles vassaux. — Le bonheur aveugla le vain-

queur, il ne sut pas se montrer généreux
après la victoire. Son frère lui-même fut
traité par lui comme le dernier des humains. Non content de venir le dépouiller
de son bien, à la spoliation il ajouta l'in-
jure en le traînant honteusement après
son char, lors de son entrée à Rouen.

Peu de temps après cette malheureuse
bataille, Henri partit pour l'Angleterre,
mais il ne voulut laisser à personne le soin
de garder son malheureux frère. Il l'em-
mena donc à sa suite, et le fit enfermer
dans la prison de Cardif.

La captivité du malheureux Robert était
complète; un cachot infecte, où les rayons
du soleil n'arrivaient jamais pour réchauf-
fer ses membres engourdis par l'humidité
qui ruisselait le long des murailles; une
nourriture malsaine et des geôliers sévè-
res; telle était la part du malheureux
vaincu.

On comprendra facilement combien il
devait éprouver le besoin de revoir le soleil, de sentir sous ses pieds un sol sur lequel il pourrait marcher libre et dégagé
du poids de ses chaînes, aussi essaya-t-il
de s'évader.

Mais Henri était là, toujours maître, et maître impitoyable. Le malheureux Robert est repris, puis on lui crève les yeux... honte et déshonneur à celui qui use si mal des droits que lui donne la victoire.

Après vingt ans d'angoisses et de souffrances attroces, Robert mourut sur la paille de son cachot, les membres meurtris par les chaînes de l'esclavage.

Henri était tranquille, la mort venait de le délivrer de celui dont il avait tout à craindre; mais le mechant, quelque puissant qu'il soit, doit toujours trembler, car il ne peut jouir longtemps d'un bien acquis au prix de tant de barbarie. — Un an après la mort de Robert, c'est-à-dire, en 1135, Henri mourut, laissant le royaume d'Angleterre et le duché de Normandie à sa fille Mathilde, qui peu de temps auparavant avait épousé Henri V, empereur d'Allemagne.

Etienne, comte de Mortain, cousin de Mathilde, voyant le trône d'Angleterre resté presque vacant, à cause de l'éloignement de son légitime possesseur, qui ne pouvait que difficilement venir défendre ses droits en cas d'attaque, leva une armée dans le comté de Mortain, et se mit en marche vers les côtes de la Manche.

Après une traversée heureuse, il débarqua à Londres, et là, presque sans coup férir, il se fit couronner roi d'Angleterre.—Mais son ambition n'était pas encore satisfaite, il rendit à la fille d'Henri ce que ce dernier avait fait à son frère Robert.

Etienne fit une descente sur les côtes de Normandie, et s'empara de tout le duché.

Pendant qu'Etienne travaillait si bien pour son propre compte, l'empereur d'Allemagne vint à mourir, laissant sa veuve à la merci de ses ennemis. Aussi Mathilde épousa en secondes noces Geoffroi-le-Bel, comte d'Anjou. Ce fut, ce Geoffroi, qui se mettant à la tête d'une armée très-nombreuse, vint en Normandie pour en chasser Etienne.

Pendant sept années consécutives, le duché fut le théâtre d'une guerre épouvantable. Les deux armées se poursuivaient de ville en ville, de château en château. Chaque jour se levait pour éclairer un nouveau combat. Geoffroi gardait toujours l'avantage, et harcelait son ennemi en le poursuivant de près.

Comme on le pense bien notre ville ne fut point épargnée. Etienne, qui fuyait toujours devant son ennemi, vint s'y enfermer avec une bonne garnison en se promettant bien de repousser l'ennemi, s'il osait s'a-

venturer jusque sous les murs d'une aussi
forte place.

Geoffroy avait confiance dans son étoile,
jusqu'à ce jour il avait vu Etienne fuyant
à son approche, et les murailles avaient beau
être hautes et épaisses, il ne croyait pas que
ce fût pour son armée un obstacle insur-
montable.

Il vint donc camper autour de la ville.
A peine arrivé il en fit lui-même le tour
pour chercher l'endroit vulnérable, mais
il ne put le trouver. En effet, les murailles étaient alors en très-bon état, et il
n'y avait pas moyen d'entrer dans la place par
surprise, tous les postes étant bien gardés.

En peu d'instants sa détermination fut
prise. Il fit faire une palissade derrière laquelle il retrancha son camp, puis on se
mit à l'œuvre pour faire un siége dans
toutes les règles.

Souvent leurs travaux furent interrompus
et quelquefois renversés par les sorties de
l'ennemi, mais ses gens étaient infatigables,
et les travaux recommençaient avec une
nouvelle ardeur.

Enfin vint le coup décisif, l'assaut. —
Geoffroy fut repoussé avec d'assez grandes
pertes, mais, sans se décourager, il recommença, même résultat. Ce ne fut qu'à la
troisième fois, qu'il put pénétrer dans la

ville par plusieurs brèches, qu'il était parvenu à faire à la muraille.

Pendant ce siége les habitants de Domfront avaient eu beaucoup à souffrir, et les murailles étaient en bien triste état.

Geoffroi mit tant d'activité dans sa poursuite, que l'ennemi, harcelé chaque jour, avec plus de vigueur, fut forcé de lâcher prise, et de laisser à Geoffroi le bien de Mathilde.

Informée du succès de son vaillant époux, Mathilde s'empressa de venir prendre possession de son duché, qu'elle commença par visiter d'un bout à l'autre.

Domfront eut l'honneur de la posséder dans ses murs. Lorsqu'elle entra dans cette vieille ville, elle ne put voir sans une certaine émotion les brèches béantes des murailles, encore toutes rouges du sang de ses guerriers. Puis elle visita le château qui, par sa situation, lui sembla une demeure bien agréable à habiter pour une noble châtelaine.

Elle ordonna de réparer les murailles, puis elle fit disposer l'intérieur du château pour elle et sa suite, s'y installa et y revint souvent passer des mois entiers.

Après une guerre aussi terrible que celle dont nous venons de dire quelques mots, la famine était bien à craindre. En effet, tout

avait été mis à sac, et pendant sept ans à
peine si l'on avait pu récolter assez de grain
pour le pain de chaque jour. Les greniers
étaient entièrement vides, et chaque jour
le laboureur inquiet venait voir dans son
champ, si ce grain tant désiré pouvait encore lui faire espérer quelques résultats
heureux.

A leur tour, les éléments semblaient vouloir continuer la guerre dans un malheureux
pays. Presque tous les grains périrent, aussi
Dieu seul sait combien grande fut la misère.

Les grains les plus grossiers, l'avoine
elle-même, dont les grands seigneurs étaient
obligés de se nourrir, valait un prix exhor-
bitant, et encore ne pouvaient-ils pas s'en
procurer. La Normandie entière eut à souffrir de ce fléau, notre pauvre pays surtout
en ressentit les atteintes mortelles.

Des chroniqueurs rapportent des faits
auxquels il nous semble difficile d'ajouter
foi. — Les uns nous représentent un père
et une mère tuant leur enfant pour se nou-
rir de sa chair. D'autres nous montrent des
troupes d'affamés en haillons, attendant sur
les routes le passage de quelques voyageurs
attardés, puis se ruant sur eux pour les
dépecer comme des antropophages.

Ces faits nous semblent tous au moins
exagérés, car si la misère était grande, les

secours aussi étaient énormes. Les trésors
des églises furent vendus pour se procurer
des grains, et chaque seigneur contribuait
pour une part plus ou moins grande dans
les secours qui étaient distribués aux plus
malheureux.

Henri, fils de Mathilde et du duc d'Anjou,
succéda à ce dernier dans la possession de
Domfront. — Peu de temps après il fut
couronné roi d'Angleterre, sous le titre de
Henri II.

Peu de temps après son avènement au
trône, Henri épousa Éléonore de Guyenne
et de Poitou, belle princesse à laquelle
Louis VII, roi de France, venait de faire
don de ces deux provinces. Henri assigna
une partie de la dot de sa femme dans la
vicomté de Domfront.

Cette belle reine avait pris Domfront en
affection, le château était sa demeure de
prédilection, aussi y venait-elle souvent tenir sa cour.

Le 15 octobre 1162, elle était dans nos
murs, lorsqu'elle fut prise des douleurs de
l'enfantement, et qu'elle donna le jour à
une fille.

Ce fut pour Domfront un jour de fête, en
attendant la cérémonie qui se préparait pour
le baptême. — Henri de Piles, légat du
saint-siége fit lui-même la cérémonie reli-

gieuse, et ses deux parrains, Achard, abbé de St-Victor, et Robert, abbé de St-Michel, lui donnèrent le nom d'Aliéonore.

Pendant plusieurs jours la ville fut remplie de bruits et de mouvements, c'étaient des seigneurs Anglais et Normands qui arrivaient avec leurs brillantes suites pour saluer la fille de leur souverain et assister aux brillantes cérémonies du baptême.

Ce fut cette même Aliéonore qui épousa Alphonse IX, roi de Castille. De cette union naquit Blanche-de-Castille, mère de St-Louis, roi de France.

En 1166, Henri, qui depuis quelque temps habitait le château de Domfront, se sentit pris d'une maladie assez grave. Alors il songea à partager ses biens entre tous ses enfants. La santé lui étant revenue il oublia vite son projet et en remit l'exécution à plus tard. Il quitta Domfront cette même année, pour aller en Angleterre, puis en 1189, il revint en France, et alla mourir dans son château de Chinon.

Henri mort, Eléonore qui avait une partie de sa dot dans la vicomté, entra en possession de Domfront. Plus tard, son fils aîné, Richard, duc de Normandie et roi d'Angleterre, fut autorisé par elle à assigner une partie de la dot de sa femme, Berengère, sur la terre de Domfront.

Au commencement de l'an 1199, Richard vint, pour la première fois, visiter la vicomté de Domfront. Il passa plusieurs jours dans nos murs, puis il partit pour mettre le siége devant le château de Chalus, en Limousin, pour s'emparer d'un trésor renfermé dans cette forteresse. Ce voyage lui fut funeste ; il reçut une flèche pendant l'action qui lui fit une si large blessure que peu de jours après il mourait.

Jean, son frère, surnommé Sans-Terre, s'empara aussitôt et du duché de Normandie, et du royaume d'Angleterre, au détriment d'Artus de Bretagne, son neveu.

Pourtant Jean n'était pas rassuré, il sentait le trône remuer sous ses pieds, tant qu'il aurait là, devant lui, le fils de son frère. Pour le présent, Artus était trop jeune pour donner de graves inquiétudes à Jean ; mais il grandissait, mais les amis de Richard pouvaient se grouper autour d'Artus et venir bientôt lui demander compte de sa conduite.

Jean n'avait qu'un moyen de faire disparaître toutes ses craintes, il en usa. Il fit appeler Artus à Rouen, sous prétexte de le prendre sous sa protection, et là il le livra lâchement aux mains d'assassins soudoyés par lui pour lui donner la mort, 1202.

Un pareil crime ne pouvait rester impuni,

5.

mais qui oserait se mettre en présence d'un aussi puissant seigneur que Jean? — Ce fut le roi de France, Philippe-Auguste, qui se chargea de punir le coupable.

Un édit fut lancé contre Jean, tous les biens qu'il possédait en France étaient confisqués.

L'édit lancé, Jean ne sembla pas disposé à abandonner la partie. En effet, il se sentait bien fort.... Ses places fortes étaient nombreuses et bien défendues, il espérait repousser bientôt Philippe et toute son armée.

Philippe, de son côté, voyait combien était périlleuse l'entreprise qu'il allait commencer, mais sa grandeur d'âme et son indignation contre le meurtrier d'un enfant semblaient surmonter toutes les difficultés. — Il se mit lui-même à la tête de ses troupes, en marchant de villes en villes, il arriva bientôt sous les murs de Domfront.

Gautier - de - la - Ferrière y commandait pour le duc Jean.

Philippe, là comme partout, voulut user de modération, et avant de commencer un siége, qui sans doute eût été long, et eût coûté beaucoup de monde, proposa à Gautier de le prendre sous sa protection, s'il voulait lui remettre les clefs de la ville.

Gautier, voyant avec quelle rapidité le roi menait cette guerre, ne douta pas un instant de la réussite de Philippe. Il accepta donc les propositions qui lui étaient faites, ouvrit les portes de la ville, alla lui-même au devant de Philippe, et lui rendit hommage sur l'heure.

Le roi continua sa course, poussant toujours l'ennemi devant lui, il eut bientôt pris à Jean ce qu'il n'avait pas voulu lui céder volontairement.

Philippe après s'être emparé de Domfront en fit don à Raimont de Boulogne qui l'avait vaillamment secondé pendant la campagne.

Ce seigneur peu reconnaissant, après avoir reçu tant de bienfaits de la part de Philippe, se lança dans les guerres de religion, et prit partie pour les ligueurs.

Philippe qui était loin de s'attendre à une pareille action de la part de Raimont, lui reprit Domfront, qui ne lui avait été donné que comme récompense de ses bons services. L'année suivante il donna la vicomté à son fils, Philippe-le-Rude, qui, en 1228, fit reparer et augmenter nos fortifications.

Peu d'années après ce don au fils du roi de France, reparut en Normandie un certain Robert d'Artois, comte de Beaumont-le-Roger, qui avait été expatrié à cause de ses mauvais services rendus à son souverain.

Il y avait dix ans qu'il avait quitté le sol natal quand il reparut, et revendiqua, comme beau-frère des ducs d'Alençon, la possession de la vicomté de Domfront.

Philippe refusa de remettre entre les mains de ce Roger la vicomté. — Robert réussit alors à former une petite armée et vint sous nos murs pour s'emparer par la force de ce qu'on ne voulait pas lui donner de bonne grâce.

Le siége ne fut pas long. La garnison qui était peu nombreuse essaya encore de résister. Robert qui, de son côté, sentait combien faible était son armée devant ses hautes murailles, quelque mal défendues qu'elles fussent, usa de ruse et entra dans la ville sans presque coup férir.

Maître de la place il ne chassa même pas la garnison qui y était. Pris d'une soudaine inspiration il abandonna toute la vicomté au roi de France.

A partir de cette époque, Domfront est détaché du duché de Normandie, et mis au nombre des domaines de la couronne.

CHAPITRE IV.

Réunion de la vicomté de Domfront à la couronne de France.

Domfront et tout le Passais avaient appartenu jusqu'à ce jour aux ducs de Normandie.

Maintenant il n'en est plus ainsi. Le comté d'Alençon, dont notre ville faisait autrefois partie, appartient encore aux ducs Normands. La vicomté de Domfront seule est détachée de cette province et relève immédiatement de la couronne. C'est pourquoi le roi Philippe-de-Valois en dispose en faveur de Philippe d'Alençon, son neveu, archevêque de Rouen.

Pendant 13 ans Philippe gouverne sa province sans qu'aucun malheur vint troubler la paix dont jouissaient les habitants.

En 1356, un comte de Navare, nommé Philippe, vint, avec une armée composée moitié de ses sujets et moitié d'Anglais, camper sous nos murs.

La garnison était alors très-peu nombreuse. Les habitants se joignirent à elle et et essayèrent de repousser l'ennemi. Vains efforts, le nombre l'emporta sur la valeur, et Philippe entra victorieusement dans nos murs

Après avoir fait prendre quelques jours de repos à ses troupes, il laissa la garde du château aux Anglais, et partit pour piller le pays avec le reste de son armée.

Le traité de Bretigni, conclu en 1360, fit rentrer Philippe en possession de Domfront. Philippe d'Alençon mourut peu de temps après, laissant à ses deux frères, Pierre et Robert, le partage de ses biens. Pierre eut le comté d'Alençon.

C'est à cette époque que le roi de France, abandonnant les droits qu'il avait sur Domfront, réunit de nouveau notre ville au comté d'Alençon.

Pierre, devenu par cet abandon du roi, possesseur de Domfront, s'occupa de réparer les fortifications, qui étaient encore endommagées, puis il fit ajouter une tour à un des flancs du château.

Pierre mourut peu de temps après, laissant le comté d'Alençon et par conséquent la vicomté de Domfront aux mains de Jean Ier, son fils.

Les chroniqueurs contemporains nous le dépeignent sous les traits les plus flatteurs, et le nomment le chevalier brave et généreux.

Jean n'avait encore que 19 ans quand la mort de son père vint ajouter à son titre de comte du Perche celui de comte d'Alençon.

La France était à cette époque divisée en deux camps. Les partisans du duc de Bourgogne, qui semblaient faire cause commune avèc le roi, parce que ce duc par ses flatteries avait su abuser l'esprit faible de Charles VI, et les partisans du duc d'Orléans. — Notre comte Jean marchait sous les bannières de ce dernier.

Depuis longtemps ces deux partis ennemis ne cessaient de guerroyer, lorśqu'arriva la mort violente du duc d'Orléans, frère du roi. Un instant on crut que c'était pour la France le commencement du repos. Le chef mort, on croyait la guerre finie. Mais la haine du duc de Bourgogne n'était pas assouvie. Après s'être débarrassé du chef qui le gênait, il voulut encore se venger sur ceux qui avaient pris fait et cause pour lui.

Il arracha donc au roi une autorisation, non seulement d'assiéger toutes les places fortes de ses ennemis, mais encore des lettres patentes qui lui donnaient en pleine possession toutes les terres dont il s'emparerait.

Muni de pièces d'une si haute importance il se mit en marche à la tête d'une armée. Il parcourut le Perche en ennemi implacable, détruisant tout sur son passage; de là il vint camper sous les murs de Domfront.

La garnison s'était renfermée dans le château, laissant la défense de la ville aux habitants. Ces derniers, peu aguerris, et fort mal armés, se virent bientôt forcés d'abandonner les murailles, et d'ouvrir les portes à l'ennemi.

Le duc se met alors à la tête de ses troupes et entre dans la ville, se croyant complètement maître du champ de bataille. La ville est bien en son pouvoir, mais le vieux château est là, qui se dresse devant lui, inébranlable sur sa base de granit, et prêt à vomir la mort par toutes ses ouvertures.

C'était un nouveau siége à faire. Le duc se met à l'œuvre, il retranche ses postes avancés derrière les maisons qui avoisinent le fossé, puis il fait tous ses préparatifs.

Les machines sont prêtes, il les essaie même en lançant quelques projectiles contre les murailles, qui reçoivent ce choc sans en être ébranlés. Craignant que son armée ne soit pas assez nombreuse il appelle à son secours le connétable de St-Paul.

Alors l'attaque commence avec vigueur, les pierres lancées contre les murailles rebondissent en sifflant dans le fossé, mais sans causer aucun dommage aux assiégés. Les arbalétriers qui sont dans le château tirent juste; leurs coups font éprouver des pertes à l'ennemi, qui semble redoubler de fureur, mais toujours en vain.

Après plusieurs jours de luttes continuelles le duc de Bourgogne fait retirer son armée. La garnison qui était peu nombreuse, mais bien approvisionnée, avait fait une vaillante résistance, et les armées du duc de Bourgogne et celles du connétable, se retirèrent en bon ordre, laissant notre vieille forteresse intacte et toujours menaçante.

Voyant qu'il ne pouvait soumettre Jean par la force, ce méchant duc essaya de l'humilier en voulant prendre sur lui le droit de préséance, lui comme duc, et Jean n'étant que comte. Ce à quoi Jean ne voulut jamais consentir, comme étant plus proche parent du roi que le duc de Bourgogne.

Charles VI, dans un de ses moments lucides, voyant l'injustice des réclamations du Bourguignon, érigea le comté d'Alençon en duché le 1er janvier 1414.

Jean fut tué peu de temps après, à la bataille d'Azincourt, de la main même du roi d'Angleterre.

Jean II, surnommé le Beau-Duc, succéda à son père dans la possession du duché d'Alençon.

Bientôt après son avénement, Henri V, roi d'Angleterre, vint troubler la paix qui depuis quelque temps régnait dans notre duché. Henri fit une descente sur les côtes de Normandie, s'empara d'une grande partie du Perche et du duché d'Alençon, et, en 1417, envoya son grand chambellan mettre le siége devant Domfront.

Pendant sept longs mois que dura ce siége, les habitants se défendirent avec un grand courage, et Bigot, qui commandait dans la place, déploya une tactique et une activité extraordinaires.

Six mois durant, tous les efforts des Anglais furent infructueux. Le découragement commençait à gagner les troupes; les officiers eux-mêmes désespéraient de la réussite de leur entreprise, lorsqu'Henri envoya à leur secours un de ses officiers, nommé Warwick, avec un très-fort détachement de troupes fraiches.

Alors les Anglais recommencèrent à donner des assauts plus fréquents et conduits avec plus d'ensemble et d'énergie. Les Domfrontais qui, eux, n'avaient pas reçu de renforts, tinrent ferme devant l'ennemi et le repoussèrent à plusieurs reprises.

Les munitions et les vivres commençaient à diminuer dans la place, dans l'impossibilité qu'on était de la ravitailler, les Anglais la cernant de partout.

Les assauts de l'ennemi continuaient avec plus de violence que jamais.

A bout de force, épuisés de faim et de

fatigue, les habitants et la garnison furent forcés de céder au nombre et de demander une suspension d'armes.

Le 10 juillet ils conclurent un armistice, avec promesse de rendre la place le 22 s'il ne leur venait pas de secours. Ces conditions furent acceptées par l'ennemi, qui attendit jusqu'au jour fixé pour reprendre les hostilités.

Le jour fatal étant arrivé sans amener de changement dans la position des assiégés, Bigot remit la place entre les mains du grand chambellan d'Angleterre, le 22 juillet 1417.

Les soldats anglais qui, depuis plus de six mois, étaient retenus dans leur camp, se dédommagèrent de cette captivité en courant la campagne, pillant et saccageant tout ce qui se présentait sur leur passage. — Rien par eux ne fut respecté, les abbayes et les églises furent entièrement pillées.

L'église de Notre-Dame fut dévastée. Les tombeaux furent brisés, les vases sacrés enlevés; de là ils se rendirent à l'abbaye de Lonlay qu'ils brûlèrent.

Pendant 24 ans que les Anglais restèrent en possession de Domfront, ils ne cessèrent d'écraser leurs sujets sous leur domination tyrannique. Ceux qui avaient le malheur, non pas de résister, mais seulement de pa-

raître mécontents, ceux-là, dis-je, étaient
traités avec la dernière des rigueurs.

Malgré tant de méchanceté, les moines
qui, comme nous l'avons vu, n'étaient point
épargnés, se donnèrent corps et bien aux
vainqueurs, desservant les chapelles sans
chapelain, et abandonnant ainsi le roi de
France, ils se donnèrent sans doute par
crainte à leurs persécuteurs.

Vint enfin le jour de délivrance. — Charles VII se lève de son trône, ceint son épée,
et déclare aux Anglais une guerre acharnée,
une guerre à mort.

Il les attaque sur tous les points à la fois,
les faisant évacuer toutes les forteresses
qu'ils occupaient, et les poursuivant l'épée
dans les reins. Bientôt Cherbourg et Domfront furent les deux seules villes qui restèrent en Normandie au pouvoir des Anglais.

Charles VII envoie des troupes sous nos
murs pour reprendre la place aux ennemis. —
La ville était pleine de soldats anglais se
gorgeant chaque jour des vivres volés dans
la campagne. Leurs salles d'armes étaient
remplies, ils avaient des munitions en abon-
dance, aussi l'armée française s'attendait-
elle à un rude siége.

Les tentes étaient à peine dressées, que les
Anglais, se voyant distancés de leurs frères
d'armes qui, pour la plupart, étaient rentrés

en Angleterre, offrirent de rendre la place, si on leur promettait la vie sauve, et le droit de regagner leur patrie avec armes et bagages.

Ces conditions furent acceptées, et le 2 août 1450, la ville de Domfront fut remise entre les mains de Charles Duculant, grand maître d'hôtel du roi Charles VII, qui plaça une bonne garnison dans le château, et envoya des lettres de pardon à tous les Domfrontais, tant laïques que moines, qui avaient servi les Anglais au détriment de leur roi.

Au moment où les Anglais débarquaient sur le sol de Normandie, notre duc Jean, accusé de complaisance envers l'ennemi de son pays, fut banni par ordre du roi.

Pendant que Charles VII chassait les Anglais, Jean rentra en France, demanda et obtint du roi l'autorisation de rentrer en possession de ses biens. Son esprit turbulent, loin d'être calmé par la clémence du roi qui venait de le réintégrer dans ses états, et se servant du prétexte frivole qu'on le tenait éloigné de la cour, recommença les intrigues qui déjà une fois l'avaient fait exiler.

Les conseils d'un Jacobin, d'Argentan, et de Gilet, de Domfront, ne contribuèrent pas pour peu à le lancer dans cette voie de tra-

6.

hison Il était plus coupable, d'abord parce qu'il était proche parent du roi, et parce qu'ensuite Charles venait de lui donner une grande preuve d'amitié en le réintégrant dans ses Etats.

Jean conçut le projet d'envoyer une missive au roi d'Angleterre pour l'engager à faire une nouvelle descente sur les côtes de Normandie. Il lui donnait en même temps un plan de conduite, et s'engageait à lui livrer toutes ses places avec argent, hommes et munitions.

Pour faire parvenir cette missive il fit creuser un bâton dans lequel il enferma ses dépêches. Puis, confiant dans le courage de ses conseillers, il prie Gilet de les porter au roi d'Angleterre lui-même.

Le lâche conseiller recula au moment d'agir. Il se servit du prétexte qu'il pourrait être reconnu, et par cela même compromettre le succès de l'entreprise. Il proposa alors de le faire porter par un de ses parents qui habitait Beaugé, près Domfront. Jean accepta et chargea Gilet d'appeler son parent et de lui donner ses ordres.

Gilet appela Fortin, lui remit le bâton fameux, et, au lieu de l'envoyer au roi d'Angleterre, il lui donna l'ordre de le porter au roi de France, qui était alors en Bourbonnais.

Le pauvre Fortin remplit consciencieuse-
ment la mission dont il était chargé, et remit à Charles lui-même le bâton du duc.

Charles VII n'en pouvait croire ses yeux;
tant de méchanceté était-elle dans l'âme de
son indigne parent. Pourtant il n'en peut
douter, il a là, sous les yeux, la preuve
irrécusable; furieux, il se fait saisir de la
personne de Jean. On l'enferme dans un cachot, ses biens sont confisqués, et le 10 octobre 1458, il est condamné à mort.

Peu de temps après ce verdict, Louis XI
monta sur le trône de France. Jean II, son
parrain, fut par lui gracié et réintégré dans
ses biens, à la condition qu'il épargnerait
ses dénonciateurs. Jean fit toutes les promesses possibles, mais, peu de temps après,
Fortin mourut assassiné.

N'ayant rien de mieux à faire, Jean fa-
brique de la fausse monnaie, puis demande
de nouveau des secours au roi d'Angleterre.
Louis découvre ses projets, et, en prince
clément, lui pardonne encore une fois.

Cette nature perverse, qui ne connaissait
pas la reconnaissance, abandonna encore le
parti du roi pour entrer dans la ligue du
salut public. Il livra la forteresse d'Alençon
aux ligueurs, et remit le château et la ville
de Domfront entre les mains du duc de Bretagne, un des chefs de cette ligue.

Le jeune René, comte du Perche, et fils de notre duc, qui s'était d'abord laissé entraîner, et figurait au nombre des ligueurs, reconnut bientôt l'injustice de la cause qu'il défendait. Alors il se rangea du côté du roi, et reprit aux ligueurs les places que son père leur avait abandonnées.

Louis XI, indigné de la noirceur d'âme de son parrain, ne se contenta pas de lancer un verdict de confiscation de tous ses biens. Il vint lui-même prendre possession du duché d'Alençon, et nommer des gouverneurs dans toutes les places fortes.

Ce fut Jean de Daillon qui eut le gouvernement de la ville de Domfront.

Jean fut ensuite condamné à mort, mais l'exécution n'eut pas lieu, à cause de son grand âge. Peu de temps après il mourut, en 1476, à l'âge de 67 ans.

René était depuis longtemps à la cour de France, lorsque son père, Jean, fut pour la seconde fois condamné à mort. Il réclama alors à Louis XI la jouissance du comté du Perche et du duché d'Alençon.

Louis ne lui accorda d'abord que le comté du Perche, se réservant pour lui la jouissance du duché d'Alençon. René accepta cette détermination, quoiqu'injuste. Peu de temps après, Jean étant venu à mourir, René réclama de nouveau le duché d'Alençon.

Louis XI le lui remit, mais de très-mau-
vaise grâce, se réservant pour lui les châteaux
de Domfront, Puancé et Ste Suzanne, et faisant promettre à René qu'il ne se marierait
qu'avec son consentement.

Cette espèce de marché fut sanctionné par
lettres patentes du roi, et René quitta la
cour pour se rendre dans la capitale de son
duché.

Louis XI, qui ne faisait cette concession
qu'à regret, fit espionner René. Ses moindres gestes, ses paroles les plus insignifian-
tes, furent si bien tournés à son désavan-
tage, que le roi se fit saisir de sa personne,
et le fit enfermer dans la prison de Chinon.

Ayant essayé de s'évader, notre malheureux duc, encore une fois trahi, fut enfermé dans une cage de fer, et traité comme
le plus vil des animaux. Plus tard, un jugement inique le condamna à la prison per-
pétuelle.

René était captif depuis longtemps, déses-
pérant de sortir jamais du cachot où son
persécuteur l'avait fait enfermer, lorsque
Charles VIII monta sur le trône.

Ce jeune roi, qui avait en lui ces senti-
ments généreux, ces nobles instincts que
renferme tout cœur de 18 ans, fit ouvrir les
portes de la prison de René, et lui rendit
son duché sans réserve aucune.

A partir de cette époque, Domfront et les deux autres places qui avaient été distraites du duché d'Alençon, furent remises entre les mains de René. Peu de temps après, notre duc épousa Margueritte de Lorraine, et de cette union naquit un fils, nommé Charles.

En 1487, Charles VIII passa par Domfront en se rendant au mont St-Michel.

René était aimé de tous ceux qui l'entouraient, il savait faire le bonheur de ses sujets; son cœur qui avait éprouvé toutes les tortures, qui connaissait toutes les souffrances, était grand et secourable.

Mais les longues heures de la captivité avaient affaibli ses forces physiques; la mort vint le ravir à sa famille, le 1er novembre 1492. Il emporta avec lui les regrets de tous.

Charles III n'avait encore que 3 ans lorsque son père mourut. Le roi Charles VIII fut son parrain. Quelques années plus tard, quoiqu'il ne fût encore qu'un enfant, il assista au sacre de Louis XII. — En 1503 il épousa Margueritte de Valois, sœur du prince de Valois, qui monta peu de temps après sur le trône de France, sous le nom de François Ier.

Cette même année, 1503, il rendit hommage au roi de France, pour son duché d'Alençon, duquel dépendait Domfront.

A son retour d'Italie, où il avait vaillamment combattu pour son roi, il fut nommé duc de Normandie à Caen et à Rouen, on lui rendit les plus grands honneurs.

A partir de ce jour, Domfront lui appartenait à double titre, et comme duc d'Alençon et comme duc de Normandie.

En 1524, après la bataille de Pavie, Charles III étant revenu à Lyon, où l'attendait Margueritte, fut tellement frappé de l'injuste accusation de trahison dont l'accablait sa femme, qu'il en mourut de chagrin peu de temps après.

Charles étant mort sans héritiers, ses sœurs réclamèrent le duché d'Alençon, composé des vicomtés d'Alençon, Argentan, Domfront, etc., etc.; mais on ne fit point droit à ces réclamations, et, en 1525, un arrêt de la cour réunit de nouveau le duché d'Alençon à la couronne.

Jusqu'en 1542 rien ne vint troubler la paix qui régnait dans nos murs, mais à cette époque un fléau terrible vint s'appesantir sur notre ville.

Une peste terrible ravagea tout le pays. A chaque pas on rencontrait de malheureux pestiférés, se soutenant à peine. D'autres, tombant frappés tout-à-coup dans les rues, n'étaient relevés que pour les porter à leur dernière demeure. Si l'on en croit les narra-

teurs de l'époque on peut dire avec Lafon-
taine :

> Ils ne mouraient pas tous,
> Mais tous étaient frappés.

La consternation était à son comble ; personne n'osait porter secours à ceux qui
étaient atteints du terrible mal.

Enfin la colère de Dieu sembla s'apaiser,
le nombre des malades diminuait sensible-
ment. Peu à peu les cas devinrent plus rares, et enfin, après avoir sévi pendant près
d'un an, la peste s'éloigna du pays, laissant
après elle de cruels souvenirs.

CHAPITRE V.

La Vicomté de Domfront est de nouveau
réunie à la couronne.

Notre ville, après avoir appartenu d'abord
aux ducs de Normandie, puis aux comtes et
ducs d'Alençon, est, pour la seconde fois,
confisquée au bénéfice de la couronne de
France, et le roi en dispose comme lui ap-
partenant.

Charles IX fit don de la vicomté de Domfront à Catherine de Médicis, sa mère, qui
l'eut en possession jusqu'en 1596.

A cette époque, Charles enleva à Catherine, du consentement de cette dernière, la
vicomté de Domfront, puis, la réunissant au
duché d'Alençon, il fit don du tout à son
frère, François de Valois, qui n'était alors
âgé que de 12 ans; il prit cependant le titre
de duc d'Alençon, nom qu'il porta par la
suite, et sous lequel nous allons le retrouver dans le courant de cette histoire.

Après le massacre de la St-Barthélemy,
François, forcé en quelque sorte par les
instances de sa sœur Margueritte, qui venait d'épouser le roi de Navarre, depuis
Henri IV, et croyant y voir aussi pour lui
quelques avantages, prit fait et cause pour

les Huguenots. — Une première fois il essaya de s'échapper du Louvre, mais Catherine de Médicis le gardait à vue, et ses projets échouèrent.

Pourtant le 15 septembre 1575 il réussit à prendre la fuite, et vint se réfugier dans son château d'Alençon. Le roi de Navarre y arriva peu de temps après lui, et près de deux cents gentilshommes Normands et Manceaux vinrent se grouper autour de ces deux chefs. Condé les rejoignit bientôt, et, en peu de temps, ils se trouvèrent à la tête de plus de trente mille hommes.

Avec une armée aussi redoutable les Huguenots imposèrent facilement leurs volontés à Catherine et au roi, qui se virent forcés de faire la paix. — Notre duc rentra ensuite à la cour.

C'est pendant cette guerre que la ville de Domfront s'opposa à l'envahissement des Huguenots. Les habitants confièrent la garde de la ville et du château à François Pitard, sieur de Bois-Pitard, pour les défendre contre les protestants.

Le duc d'Alençon envoya le capitaine Montholon pour mettre le siége devant Domfront. Il essaya d'abord de la ruse, puis de la force, mais ce fut en vain, les braves habitants ne se laissèrent point capter par ses promesses, et repoussèrent vigoureusement leurs attaques.

Le capitaine, voyant qu'il ne pouvait réussir, et que les arbalétriers de la place causaient de grands ravages dans ses rangs, fit décamper sa petite armée, et alla dire au duc d'Alençon que la ville de Domfront était trop bien défendue pour qu'on pût s'en emparer sans faire un siége en forme.

En 1578, Henri III, Catherine de Médicis, et François d'Alençon, passèrent par Domfront, en se rendant à Argentan.

Notre duc qui, à l'avènement de Henri III, son frère, au trône de France, avait hérité de son titre de duc d'Anjou, vint se retirer à Château-Thierry, après sa défaite d'Anvers.

C'est là que la dame de Montsoreau (s'il faut en croire le roman d'Alexandre Dumas), de laquelle il voulait faire sa maîtresse, lui donna la mort au moyen de poison très-subtil qu'elle avait mis dans une bougie. Le 10 juin 1584 il mourut dans d'horribles souffrances.

Voici le portrait que faisait Henri IV du duc d'Alençon : « Prince qui a peu de cou- « rage, le cœur si double et si malin, le « corps si mal fait. » Puis ce bon roi s'écriait dans un élan de gaité : « Ventre Saint- « Gris, le tableau n'est pas flatté. »

Le Comte de Montgomery.

Henri II avait invité Gabriel de l'Orge, comte de Montgomery, à rompre avec lui une lance dans un tournoi.

Montgomery, fier de l'honneur que lui faisait le roi, accepta l'invitation ; mais, par un hasard des plus fâcheux, la lance du comte se rompit dans la visière du roi, et lui fit une large blessure à l'œil.

Une fièvre violente s'empara de Henri, tous les secours de la médecine furent inutiles, il mourut, peu de jours après, des suites de sa blessure.

Catherine de Médicis, veuve de Henri, jura à Montgomery, peut-être plus à cause des idées religieuses du comte, qui différaient des siennes, qu'à cause de l'accident qui l'avait rendue veuve, une haine éternelle, une de ces haines qui, pour cette femme cruelle, ne pouvait s'éteindre qu'avec le dernier souffle de sa victime.

Vingt fois elle avait attenté aux jours du comte, et toujours ses projets avaient été déjoués, lorsque, par son ordre, éclata la nuit si terrible et si sanglante de la Saint-Barthélemy.

Elle croyait bien cette fois que son ennemi ne lui échapperait pas, ses sanguinaires

agents étaient lancés avec l'ordre de chercher et de trouver Montgomery. Le comte
était bien à Paris, mais aussi il était toujours sur ses gardes, et pendant que Çathe-
rine cherchait au fond de son cœur quel
supplice elle allait lui infliger, lui avait
pris la fuite, traversait les rues de Paris
au plus vite et franchissait la porte d'en-
ceinte au galop de son cheval.

Echappé encore une fois à la fureur de la
reine il fut s'enfermer dans les murs de St-
Lô , espérant que sa retraite resterait un
mystère pour la reine et pour tout le monde.

Mais la haine vigilante de Catherine veillait toujours, tout avait été mis en œuvre
pour découvrir la retraite du comte, et les
fins limiers de la reine vinrent bientôt
lui apprendre ce qu'elle désirait tant savoir.

Matignon qui était avec son armée en
Normandie reçut l'ordre de s'emparer d'a-
bord de St-Lô, puis des autres places qui
pourraient servir de refuge au pauvre fugitif.

En plus de ce commandement Matignon
avait, pour instruction secrète, l'ordre formel de s'emparer du comte, mort ou vif,
et, dans ce dernier cas, de le livrer immédiatement, pour que son sang calmât la
haine implacable qui dévorait le cœur de
cette méchante femme.

7.

Matignon, pour obéir aux ordres de la reine mère, s'empara d'abord d'une partie des places du duché d'Alençon, puis se rendit sous les murs de S^t-Lô.

Pendant que Catherine transmettait ces ordres à Matignon, et que ce dernier faisait ses préparatifs pour les exécuter, notre pauvre ville de Domfront et les habitants de tout le Passais étaient torturés par deux aventuriers nommés, l'un, Ambroise le Hérissé, dit le Balafré, et l'autre, René le Hérissé, dit Pissot.

Ces deux brigands s'étaient emparés de la ville par ruse. Ils avaient enfoncé une porte au milieu de la nuit, avaient surpris la garnison qui, se croyant en sûreté, n'était point en état de se défendre. Eux, et les quelques hommes qui les suivaient, s'étaient facilement rendu maîtres de la ville et du château, d'où ils dictaient des lois à tout le pays, comme de véritables monarques.

Le bonheur de ces aventuriers consistait à faire le mal. Ils n'étaient heureux que lorsqu'ils voyaient le feu ou le sang. Aussi brûlaient-ils pour le plaisir de faire le mal. Les seigneuries du Gué-Thibout, des Mafardières, des Jugeries, de la Renaudière avaient déjà été brûlées. Ensuite ils se rabattaient sur les abbayes, c'est là surtout qu'ils étaient heureux. Les pauvres moines étaient bafoués, et souvent mutilés. Puis ils pillaient les églises, renversaient les saintes images et les crucifix, puis s'emparaient de vases sacrés, qu'ils souillaient de leurs lèvres impures.

Ils étaient les chefs aux caprices desquels les habitants de Domfront étaient forcés de se soumettre, lorsqu'arriva à Matignon l'ordre de s'emparer de Montgomery.

Comme nous l'avons dit, il n'y a qu'un instant, Matignon essaya de se saisir de toutes les places du duché d'Alençon. A cet effet il équipa une compagnie et en donna le commandement au capitaine Lachaux, avec ordre de s'emparer d'abord de Domfront, et d'en chasser les Hérissé.

Lachaux vint camper sous nos murs, et commença par s'emparer des portes de Notre-Dame, de Caen et de quelques faubourgs, puis il donna plusieurs jours de repos à ses troupes et fit ses préparatifs pour s'emparer du reste de la place et du château.

Il espérait même que la place lui serait remise, mais il se trompait, car, lorsqu'il voulut avancer pour enfoncer la porte, il fut reçu par une fusillade bien dirigée qui partait de sur les remparts, et le força à se retirer, s'il ne voulait pas faire décimer sa compagnie.

Lachaux se décida alors à laisser ses hommes sous les ordres de son lieutenant Goud'hard, pour aller demander des renforts à Matignon, promettant aux siens qu'il reviendrait bientôt, et qu'il en finirait vite avec les Domfrontins et leurs chefs.

Mais il avait compté sans le courage et l'adresse de ses ennemis. Dès que les Hérissé apprirent cette nouvelle, ils se préparèrent à faire une sortie, et la dirigèrent si habilement que la compagnie de Lachaux fut obligée de se retirer avec d'assez grandes pertes. Goud'hard, leur chef, fut pris, attaché à un arbre, et dépouillé de ses vêtements.

Les Hérissé exercèrent sur ce malheureux toute leur cruauté et, avant de lui porter le coup qui devait le faire passer de vie à trépas, ils lui firent souffrir mille morts.

Si les soldats de Catherine échouaient sous les murs de Domfront, ses autres phalanges commandées par Matignon, en personne, étaient plus heureuses devant St-Lô, où était renfermé l'infortuné Montgomery.

La place prise et quelques instants de pillage accordés aux soldats, Matignon fit faire et fit lui-même des recherches pour trouver le comte, mais cette fois encore la fortune l'avait favorisé. Au moment où les troupes entraient dans la ville, il avait profité de l'instant de confusion inévitable en pareille circonstance pour sortir de la place et se réfugier là où on ne songeait pas à le chercher.

Montgomery fugitif, accompagné seulement de quelques hommes courageux qui n'avaient pas voulu l'abandonner dans son malheur, marchait la nuit, se cachant le jour dans la crainte d'être livré pieds et poings liés à sa cruelle ennemie.

Enfin il arriva dans la forêt d'Andaine, où il se tint caché pendant trois jours, puis il vint demander asile au Hérissé. Ce dernier se présenta lui-même à la Grand'porte, lorsque Montgomery vint y frapper. Il reçut le comte du haut de sa grandeur, et lui refusa presque l'entrée de la ville. Ce que voyant, un des officiers qui accompagnaient Montgomery, lui porta un coup de sabre dans le ventre, et tellement bien appliqué, qu'il en mourut peu de jours après.

Le Balafré ouvrit alors les portes, et Montgomery se rendit au château avec sa petite troupe.

Le lendemain dès le point du jour Montgomery était sur pied pour faire ses préparatifs de départ, car il n'était pas venu à Domfront avec l'idée de s'y enfermer, mais seulement dans l'intention d'y rester un ou deux jours pour reposer sa troupe.

Sa surprise fut grande, lorsqu'il vit la ville presqu'entièrement cernée par la cavalerie de la Melleraie, que Matignon avait envoyée de St-Lô afin de poursuivre le comte fugitif.

De la Melleraie avait fait marcher sa troupe avec toute la célérité possible, ne donnant de repos que juste ce qu'il en fallait pour que les chevaux et les cavaliers ne tombassent pas de fatigue.

Ce qui le faisait agir avec tant de célérité, c'est qu'un ennemi de Montgomery, son beau-frère, dit-on, avait affirmé que le comte s'était retiré à Domfront, et n'en était pas encore sorti.

Siége et prise de Domfront.

Surpris d'être si vite découvert, et décontenancé surtout par la promptitude que l'on avait mis à le poursuivre, Montgomery se dirigea vers le château et fit part de ses appréhensions au Balafré.

Ce dernier était un de ces hardis aventuriers qui n'ont rien à risquer, et qui, par leur audace et leur courage, espèrent arriver à la fortune. Aussi cette nouvelle ne lui fit-elle pas autant d'impression qu'au comte. Il avait pleine et entière confiance dans les hommes qu'il commandait, et il espérait aussi, par quelque ruse ou quelque moyen extrême, déjouer les projets de l'ennemi.

Il proposa entr'autres à Montgomery de châtier les habitants, de mettre le feu à la ville, puis de s'échapper à la faveur du tumulte. Mais Montgomery était trop fier et trop courageux pour user de tels moyens. Il était surpris dans une place presque sans défense, il croyait de son devoir de s'ensevelir sous ces faibles ruines, où, en temps de paix, il eut à peine où reposer sa tête.

Le nombre des ennemis augmentait à chaque instant. La reine et Matignon avaient fait appel aux seigneurs catholiques et tous s'empressaient de conduire leur contingent d'hommes sous les ordres du chef qui devait les conduire à une victoire si facile.

Matignon a donné rendez-vous à ses troupes à la roche St-Vincent, et près de quinze mille hommes se trouvent bientôt réunis sous les bannières de la France.

En arrivant au lieu du rendez-vous, le premier soin de Matignon fut de faire abattre des arbres et de les coucher en travers en avant des postes avancés, pour les garantir des sorties que pourrait faire l'ennemi.

Pendant que Matignon faisait ainsi ses préparatifs, Jean Barbotte, meunier de l'abbaye de Lonlay, qui trahissait les moines et denonçait leurs projets au Balafré, vint avertir ce dernier que toutes les troupes se concentraient sur St-Vincent.

Aussitôt Montgomery et le Balafré se décidèrent à faire une sortie pour tâcher de se faire jour à travers les bataillons ennemis, et de là se cacher dans la forêt d'Andaine.

Le 9 au soir, Desaye, Dubreuil, Deshayes et de Brone-St-Gravé, suivis de toute la cavalerie que contenait la place, sortent sous les ordres de Montgomery. D'abord ils avancent avec précaution pour ne pas éveiller l'attention de l'ennemi. Puis arrivés à une certaine distance ils s'élancent avec une impétuôsité étonnante, espérant mettre le désordre dans le camp ennemi.

Mais les chevaux s'embarrassent dans les branches des arbres abattus, plusieurs tombent entraînant leurs cavaliers, d'autres refusent d'avancer. Le désordre est au milieu de la petite troupe. Pourtant ils se rallient à la voix de leurs chefs, ils avancent à pas lents, mais ils avancent. Après des efforts immenses ils se trouvent en rase campagne et tombent sur un poste avancé. La sentinelle est culbutée, sept hommes et neuf chevaux sont tués, plusieurs autres sont mis hors de combat.

Ils rentrent ensuite en bon ordre dans la

place, ne laissant qu'un mort sur le champ de bataille et deux prisonniers.

Jusqu'au 12, assaillants et assiégés, tous restent dans l'inaction, les uns faisant leurs préparatifs pour l'attaque, les autres multipliant, autant que possible, leurs moyens de défense.

Enfin le 12 au soir, Montgomery se décide à faire une nouvelle sortie. Un poste ennemi est encore forcé, plusieurs soldats sont tués. La troupe rentre alors en ville, et plus heureuse que le premier jour, personne ne manque à l'appel, deux soldats ont seulement reçu quelques égratignures.

Ce qui était terrible pour Montgomery, c'est que les munitions et les vivres allaient bientôt manquer, et que chaque jour le nombre de ses soldats diminuait d'autant qu'il en passait à l'ennemi, et le nombre des déserteurs était grand.

Mais le courage de ce valeureux guerrier était inébranlable, sa grande âme supportait tous ces contre-temps sans laisser voir à ceux qui l'entouraient la moindre marque de découragement.

L'artillerie de Matignon était arrivée et se préparait à ouvrir le feu. Le général avait fait tous ses préparatifs, et, en plus des puissants moyens qu'il pouvait employer contre la place, il avait su, d'après les conseils du prieur de Notre-Dame, se conserver des rapports avec la place, par les soldats de Montgomery, parents ou amis de ceux qui combattaient sous ses ordres.

Montgomery s'aperçut de tout le mal que pouvaient lui faire ces rapports journaliers, mais il était trop tard, le coup était porté. Beaucoup de renseignements avaient été donnés, on connaissait les côtés faibles de la place.

Hélas! ils étaient malheureusement trop nombreux. Les murailles étaient en très-mauvais état; une partie était veuve de ses créneaux, et dans d'autres endroits elles étaient si peu épaisses qu'un homme avait peine à s'y maintenir.

Pourtant il ne fallait pas songer à s'échapper, la place était complètement cernée, et chaque jour le nombre des ennemis augmentait. Pendant huit jours on n'entendit sous nos murs que le bruit des tambours et des trompettes annonçant l'arrivée de nouveaux renforts.

D'Aubigné, écuyer du prince de Navarre, avait réussi à entrer dans l'armée de Matignon. Son dévouement au prince était bien connu, mais pourtant il montra tant de bravoure dans les petites escarmouches qui précédèrent le siége, que bientôt on lui confia un des postes d'honneur, celui qui se rapprochait le plus de l'ennemi.

Alors il songea à la délivrance de Montgomery, il le fit venir la nuit, en lui faisant connaître son nom, sur les remparts, et lui procura le moyen de s'évader, lui disant que l'on était acharné à sa poursuite, et que son seul espoir de salut était dans la fuite.

Dubreuil, et Portal qui accompagnaient Montgomery dans cette entrevue, le conjurèrent d'accepter ces offres. Mais Montgomery avait toujours une lueur d'espoir. Il attendait chaque jour plusieurs compagnies de reitres qui devaient venir à son secours, et puis, peut-être, soupçonnait-il la bonne foi de Daubigné. Pour le sonder il l'engagea à se jeter, avec sa compagnie, dans la place. Daubigné refusa et favorisa la fuite de Dubreuil et de Portal qui n'eurent pas le courage de s'associer à la fortune de leur chef.

Le dimanche 25, à sept heures du matin, Frimbault, prieur de Notre-Dame, arriva au milieu du camp de Matignon, où il célébra la messe.

A peine le sacrifice était-il achevé, que l'artillerie de Matignon fit feu de toutes ses pièces. Les boulets sillonnaient l'air et venaient s'abattre en sifflant contre nos rem-

parts de granit. D'abord ils semblèrent
inébranlables, mais bientôt il leur fallut
céder. Depuis bien des années ils n'avaient
éprouvé l'effet terrible du boulet. — A midi
plus de 600 coups de canon avaient été ti-
rés. Et lorsque l'artillerie eut cessé de
tonner, lorsque le nuage de fumée fut dis-
sipé, les assaillants purent voir une des
tours de la porte principale entièrement
détruite, et une brèche de quarante-cinq
pieds, qui devait les conduire au milieu de
la place.

Matignon fit alors avancer ses colonnes
d'attaque. Dix hommes d'élite avaient été
choisis dans chaque corps, formant un effec-
tif de 2400 hommes. Des arquebusiers pla-
cés en arrière étaient chargés de les soutenir
en cas de retraite, puis cent corselets fer-
maient la marche.

Tous les jeunes nobles qui commandaient
avaient brigué l'honneur de diriger cette
colonne. St-Colombe s'est mis à la tête de
cette troupe et la dirige vers la ville.

Montgomery sent alors l'impossibilité de
résister à cette troupe qui marche en colonnes serrées. Il donne l'ordre à du Bronay
de se retirer dans le château avec ses hommes ; trente d'entr'eux profitent du désordre
pour passer à l'ennemi, c'étaient des Bretons.

Les assaillants entrent sans difficulté dans la ville, qu'ils trouvent presque déserte, mais le château est encore intact, il faut y faire une trouée.

St-Colombe envoie prévenir Matignon de ce qui lui arrive. Aussitôt le général fait partir une batterie d'artillerie, qui s'en vient s'abriter derrière les maisons qui avoisinent le château.

Toute la soirée, la nuit et la matinée du lendemain furent occupées à battre en brèche les murs du château.

A midi une brèche de plus de quinze pieds est faite dans la courtine. Alors, au bruit terrible du canon qui n'a cessé de tirer pendant vingt-quatre heures, succède le calme. Ce silence froid fait entrer un moment de crainte dans le cœur le plus courageux.

Mais Montgomery, lui, n'est point épouvanté, il s'élance à la tête de ses hommes les plus courageux, se précipite sur les troupes qui bordent les fossés, et essaie d'enclouer les canons.

Vains efforts, le nombre des ennemis augmente d'instant en instant, sa petite troupe est presque cernée, alors il se décide à faire sonner la retraite, il rentre dans le château, mais plusieurs des siens sont restés sur le champ de bataille.

8.

La canonnade recommence jusqu'à deux heures. Tout-à-coup elle se tait, et les assiégés voient s'avancer le corps d'attaque.

Alors Montgomery donne l'ordre à ses arquebusiers de se tenir prêts. Il sont cachés par une première ligne de combattants, qui s'ouvre en deux au moment où l'ennemi est à portée. — Une détonation épouvantable se fait entendre; l'air est obscurci par un nuage de fumée, qui, en se dissipant, laisse voir l'ennemi qui redescend le glacis en désordre, laissant bon nombre de morts sur le terrain.

St-Colombe rallie ses hommes et se précipite à leur tête sur la bouche béante de la muraille, qui vomit le feu comme le cratère d'un volcan.

Devant eux, Montgomery, en simple cotte de mailles, les attend la hache d'armes à la main. Dubronay, Chauvigné, Cornierès, de Thère et le comte occupent la droite de la brèche, une vingtaine d'autres braves se sont chargés de la défense de la gauche.

St-Colombe, à la tête de ses hommes, franchit facilement le fossé, monte une partie du glacis; mais, au moment où il va s'élancer sur la vaillante troupe qui veut lui barrer le passage, une couleuvrine de 24, chargée de mitraille, de balles, jusqu'à la gueule, se démasque, renverse les premiers rangs des assaillants et les précipite pêle-mêle au fond du ravin.

Le désordre est à son comble, morts et blessés sont entassés au fond du fossé, c'est un bruit de cris de plaintes impossible à décrire. Les blessés sont écrasés sous les pieds des soldats qui fuient et refusent de monter à l'assaut.

La voix des chefs est couverte par ce bruit qui semble sortir des enfers. Enfin les rangs se reforment, et les courageux débris de cette colonne, tout-à-l'heure si belle et si vaillante, se précipitent avec une nouvelle ardeur au devant de l'ennemi.

Bientôt la fusillade cesse dans les deux camps ; assaillants et assiégés étaient confondus.

C'est un combat corps à corps, court, mais terrible, où chaque combattant ne lâche prise qu'après avoir terrassé son adversaire.

Montgomery est là, sur la brèche, descendu au rôle de simple soldat, il combat en désespéré, il tue, tue toujours. Devant lui c'est un rempart de corps humains ; les morts s'entassent sur les morts, et chaque téméraire qui approche tombe foudroyé sous sa hache terrible.

Son corps est sillonné de larges blessures, mais il n'a pas reculé d'un pas. Sa hache

d'armes tournoie autour de sa tête, et chaque
fois qu'elle s'abat, c'est une victime qui tombe
pour ne plus se relever.

Quelques gentilshommes qui avaient sol-
licité de Matignon l'honneur de monter les
premiers à l'assaut, reçurent surtout les
coups du terrible chef calviniste, « qui,
« n'attendant ni merci ni miséricorde de ses
« ennemis, tailla de sa hache d'armes dans
« le vif de ce noble peloton, avec une viva-
« cité telle que bien peu s'en retirèrent, et
« laissèrent bras et jambes de leur relique
« au pied de la brèche. »

La mort semble épargner les jours du
comte, il vole là où le danger est le plus
grand, et il n'a reçu que quelques blessures.

Enfin les assaillants lâchèrent définitive-
ment prise et se retirèrent, laissant encore
quelques-uns des leurs acharnés au combat.
Alors Bronay et Boisfront se précipitent à
leur poursuite, et leur font descendre la
rampe l'épée dans les reins.

Mais St-Colombe a déjà reformé sa petite
troupe, et remonte pour une troisième fois
la rampe au pas de course. En arrivant au
pied de la brèche, Bons tombe frappé d'une
balle qui lui fend le crâne, il n'a que le
temps de se faire transporter dans sa tente,
où il expire en traçant avec son sang ses
adieux à la belle Margueritte de Rabodanges.

St-Colombe, rendu furieux par la perte de son plus cher ami, se précipite avec rage contre la muraille. Le Balafré combat à la droite de Montgomery. Douilly l'aperçoit et s'élance sur lui

Le premier choc fut terrible. Les deux épées sont rompues; alors ils jettent ces tronçons inutiles et se ruent l'un contre l'autre, cherchant à s'étouffer dans leurs bras enlacés. Pendant quelque temps la victoire reste indécise. Enfin le Balafré a tiré son poignard, et il le plonge en entier dans la gorge de son adversaire, qui lâche prise et tombe baigné dans son sang.

St-Colombe est furieux, il avance toujours, renversant tout ce qui cherche à lui faire obstacle. Le voilà bientôt arrivé, il est au pied de la brèche, il en mesure la hauteur, lorsqu'un bloc énorme, poussé par la main de de Brone, se détache du rempart, fend l'air en sifflant et s'abat contre le sol... St-Colombe était mort. A peine ce brave chef est-il enseveli sous cette masse, que de Brone tombe frappé d'une balle à côté de son ennemi terrassé.

Les assaillants font sonner la retraite, et se retirent protégés par les feux croisés des tirailleurs embusqués dans les maisons de la ville.

L'honneur de la journée restait aux assiégés. Mais quelle victoire : .... encore une pareille journée et tous ces nobles champions seront morts en combattant.

Si les catholiques ont éprouvé de grandes pertes, si plusieurs chefs manquent à l'appel, ces vides seront vite comblés. Mais dans la place presque tous sont tués ou blessés ; qui les remplacera ?

Seize combattants peuvent seuls être mis en ligne, et encore portent-ils tous les marques de la terrible lutte qu'ils ont eue à soutenir.

Jamais on ne vit plus triste spectacle que le lendemain de ce jour fameux. Les fossés étaient presque comblés par les morts ; le glacis était entièrement couvert de cadavres ; de leurs larges blessures encore béantes coulait par ruisseaux un sang noir et déjà corrompu.

La plume est impuissante à décrire un pareil tableau ; partout la mort, et tous ces corps inanimés conservant encore sur leurs traits et dans leurs poses, les marques de la fureur qui succombe sans s'être vengée.

L'âme de Matignon fut remplie de tristesse à la vue de cet épouvantable spectacle. Il défendit de tenter un nouvel assaut, mais il fit resserrer la place, espérant que la famine ferait rendre ces vaillants guerriers qu'il n'avait pu forcer dans leur demeure.

Deux nuits de suite Montgomery coucha sur la brèche même, de crainte d'une surprise. Le 26 il visita ses magasins. Les vivres allaient manquer, les citernes étaient épuisées, et il était presque sans poudre. Mais il ne voulait pas se rendre, et ces ruines eussent été son tombeau, si Matignon, touché de tant de courage joint à tant d'infortunes, ne fût venu le tirer de cette terrible position.

Matignon envoya Vani-de-la-Roche-Mabile, parent et ami de Montgomery, comme parlementaire.

Toutes les portes lui furent ouvertes; il se présenta devant Montgomery, et lui demanda s'il voulait se confier à l'honneur de Matignon, lui promettant son intercession auprès de la reine.

Montgomery demandait la liberté pour lui et ses gentilshommes. Matignon ne pouvait faire une pareille promesse. Aussi pendant trois jours Montgomery ne voulut point accepter l'offre qu'on lui faisait de se rendre à discression.

Enfin le 29 au soir, cédant aux instances de son parent, Montgomery, avec la dague et l'épée, se rendit à la tente de Matignon.

Les courageux compagnons du comte furent moins heureux, malgré les promesses faites de les faire seulement prisonniers,

Matignon fit trancher la tête du ministre protestant la Butte, puis Latouche et le Hérissé furent pendus.

Mort odieuse, qui couvre de honte ceux qui l'ordonnaient, et non pas les héros qui la supportaient avec courage.

Montgomery fut conduit à Paris. Catherine jouissait alors de toute la puissance d'une reine : le roi, son fils, était mort.

Le procès ne fut pas long ; le parlement eut vite décidé du sort de l'illustre prisonnier qui comparaissait devant lui.

Le 26 juin 1574 fut le jour fixé pour l'exécution. Montgomery monta sur l'échafaud d'un pas ferme, et ne voulut pas qu'on lui bandât les yeux.

Lorsqu'on lui lut l'arrêt qui déclarait ses enfants roturiers : « j'y souscris, dit-il, s'ils « n'ont la vertu des nobles pour s'en rele-« ver. »

Puis il posa la tête sur le billot et le bourreau fit son devoir.

———

Maintenant que nous avons vu le côté sérieux de ce siége mémorable, où tant de braves soldats, de courageux capitaines avaient perdu la vie, nos lecteurs ne nous sauront pas mauvais gré de leur faire connaître l'origine du fameux proverbe qui, depuis des siècles, rend notre ville si célèbre.

Nous avons parlé au commencement du siége d'un certain Barbotte, qui, quoique fermier des moines, essayait de les livrer aux protestants. Barbotte avait su s'esquiver de la ville avant que Matignon ne s'en emparât.

Il fut, comme on le pense, bien vite oublié, le maréchal ayant à traiter des affaires d'une toute autre importance.

Mais cette vie errante ennuya bientôt notre fugitif, il voulut revoir sa meunière et son moulin, et cette envie le prit tellement fort, qu'il s'achemina vers Domfront, un jour de marché, espérant passer inaperçu dans la foule.

Hélas! il se trompait! à peine avait-il fait quelques pas dans la ville que de bouche en bouche on répétait : Barbotte est à Domfront.

Cette nouvelle arriva bientôt jusqu'à messire Ledin, gouverneur de la ville. — Il était midi lorsqu'on s'empara du pauvre Barbotte, qui fut conduit plus mort que vif devant ses juges.

Messire Ledin était en compagnie du prieur de Notre-Dame et de plusieurs autres personnes, quand le coupable fut amené devant lui.

Pour tout interrogatoire on lui demanda s'il s'appelait bien Barbotte, et si c'était lui qui avait brûlé le prieuré de Notre-Dame. Il ne put répondre que par un signe affirmatif.

Messieurs, dit Ledin, le procès est terminé, le coupable n'a plus qu'à songer à faire sa paix avec Dieu, car il va bientôt paraître devant son grand juge.

Le jugement et les préparatifs de l'exécution avaient demandé bien peu de temps. Il était une heure juste quand Barbotte quitta le château au milieu de deux haies de soldats.

Pendant tout le trajet le malheureux paraissait accablé. Arrivé sous la potence, il en mesura du regard la hauteur; puis, réunissant tout son courage et levant les yeux au ciel, il s'écria d'une voix forte : « *Domfront, ville de malheur, arrivé à* « *midi, pendu à une heure;* » aussitôt on aurait ajouté : *seulement pas le temps de dîner.*

CHAPITRE VI.

Domfront après le siége de 1574.

Pendant ce siége terrible, que de souffrances n'avaient point eu les habitants à supporter? Ceux qui s'étaient retirés dans le château avaient manqué de vivres, et, après le désastre, lorsqu'ils cherchèrent leurs habitations, ils ne trouvèrent que des décombres, au milieu desquels ils se voyaient forcés d'errer, manquant de tout à la fois.

Les scènes sanglantes qui venaient de se dérouler sous leurs yeux, leur position présente, l'avenir qui ne pouvait leur apparaître que sombre, telle était la situation des pauvres habitants de Domfront.

Encore, la ville était ouverte à tous les vents; quatre ou cinq brèches énormes trouaient les murailles, et le vieux château qu'ils avaient cru jusqu'alors imprenable, était démantelé et n'offrait plus aux regards que des pans de murs à moitié renversés et troués par les boulets.

Ajoutez à cela le manque complet de ressources pour réparer tout ce désordre qui les mettait à la merci de nouveaux ennemis, et vous aurez une juste idée de la triste position dans laquelle se trouvait notre ville.

Heureusement encore qu'un homme généreux et intelligent commandait dans la place. Triste puissance, me direz-vous, que celle qui commande à des hommes affaiblis par la misère, ruinés peut-être à tout jamais, et qui n'a pour s'abriter que des murailles écroulées.

Triste puissance, il est vrai, mais bien grande œuvre à remplir pour le cœur généreux qui songe à soulager la misère de ses semblables. —

Ce fut la tâche que s'imposa Pierre Ledin de la Châlerie, gouverneur de la ville. D'un coup d'œil il vit tout ce que la position de Domfront avait de terrible ; alors il songea à réparer par lui-même une partie des désastres causés par la guerre.

En 1578 il fit réparer l'église de Notre-Dame, qui avait été pillée et brûlée ; il fit même refondre les cloches qu'on avait brisées. — Mais ce n'était pas tout, il fallait presque relever le château, et boucher les brèches béantes de la muraille. Ce fut alors qu'il songea à demander au gouvernement l'autorisation d'établir des droits d'octroi sur les marchandises exposées en vente les jours de foire et de marché.

Les habitants de Domfront, pleins de confiance dans le savoir-faire de Pierre Ledin, et reconnaissants des grands services qu'il avait déjà rendus à eux et à la ville, le prièrent de se rendre en personne auprès du roi, ce qu'il s'empressa de faire.

Cette démarche fut bien accueillie par le souverain, et l'octroi fut établi pour jusqu'en l'année 1612.

Grâce à ce secours, le château fut remis en état, restait en 1612 les réparations à faire aux murailles et aux portes, et quatre tours à reconstruire. Le roi, sur une nouvelle demande, accorda la prolongation des droits à percevoir jusqu'à réparation complète des murailles, portes, éperons et pavés de la ville.

Là, nous sommes obligé de rétrograder, et de revenir à la date de la mort de François de Valois, en 1584. François étant mort sans héritiers, la vicomté de Domfront passa entre les mains du duc de Joyeuse, moyennant le prix de trente mille écus.

En 1589, notre ville fut encore une fois surprise par le baron Jean de la Ferrière, comte de Vernie qui, après avoir pris possession de Domfront, parcourut tout le Passais en vainqueur qui dicte ses lois. Son premier soin fut de faire à la ligue le plus de partisans possibles.

Ses menaces réussirent malheureusement trop bien, et un grand nombre de gens en-

trèrent dans son parti. Ce que voyant,
Henri IV, qui pour lors était à Alençon, envoya son maréchal de camp, Emeri de Vil-
liers, pour sommer les habitants de Domfront de lui ouvrir les portes de la ville.

Quelques-uns de ces derniers étaient en-
trés de bonne foi dans la ligue, mais d'autres, et c'était le plus grand nombre, n'a-
vaient cédé que par crainte. Ceux-ci se sen-
tant soutenus par le petit corps d'armée
venu sous la conduite d'Emeri, commencè-
rent à manifester tout haut l'intention où ils
étaient de soutenir le roi Henri.

Des groupes se formaient, les uns pour la
ligue, les autres contre. Enfin les royalistes,
n'écoutant que leur courage, se précipitè-
rent, quoiqu'en nombre inférieur, sur les
ligueurs.

Leur attaque fut si imprévue et poussée
avec tant d'énergie, que les ligueurs furent
obligés de courir aux armes. — Les rues
étaient pleines de gens armés de la façon la
plus grotesque, chacun prenant ce qui lui
tombait sous la main.

A chaque carrefour, c'était un nouveau
combat. Les ligueurs voulaient barrer le
passage aux royalistes qui couraient aux
portes pour les ouvrir à Emeri.

La Ferrière, qui s'était installé dans le

château, voyant que cette émeute pouvait devenir très-sérieuse, se décida à sortir pour porter secours à ses partisans. Il était trop tard. Les ligueurs étaient en déroute, les portes étaient ouvertes, et les royalistes commençaient à se rendre maîtres de la ville. Il voulut encore opposer de la résistance, mais ce fut peine perdue ; une blessure mortelle, reçue au milieu de la lutte, le fit tomber au pouvoir des royalistes. Le chef pris, l'armée fut en déroute, et Emeri entra avec les siens dans la ville.

Aussitôt une estafette partit pour porter cette bonne nouvelle à Henri, qui l'appri avec grande joie. Le roi envoya deux cents cavaliers au secours des Domfrontins, et accorda une amnistie aux ligueurs.

L'année suivante, Charles de Gondi, marquis de Belle-Isle, ligueur des plus zélés, voyant que Domfront, par sa position, pouvait être d'un grand secours à sa cause, essaya de surprendre la ville.

Mais les sentinelles faisaient bonne garde. L'alarme fut aussitôt donnée dans la place; dans un instant toute la garnison fut sur pied, et force fut aux ligueurs de s'éloigner.

Pourtant le marquis ne perdit pas tout espoir, et afin de revenir plus facilement, si l'occasion s'en présentait, il fit camper ses

troupes à une petite lieue de nos murs.

Jean de Cosseville, gouverneur de Domfront, établit un poste avancé près du Pont-d'Egrenne, pour surveiller les manœuvres de l'ennemi.

Ennuyé de cet état de choses, de Cosseville résolut de faire une sortie avec une grande partie de la garnison et tous les habitants qui voudraient se joindre à lui, afin de faire décamper l'armée ennemie. Aussitôt il fait appel au courage des habitants, et presque tous les hommes en état de porter les armes y répondent avec empressement. Alors il se met à la tête de cette troupe et laisse pendant son absence le gouvernement de la ville à René Ledin.

La troupe reçut l'ordre de marcher sans bruit pour ne pas éveiller l'attention de l'ennemi. Les rangs n'étaient point formés, bourgeois et soldats marchaient un peu à leur guise, leur chef se réservant à rétablir l'ordre quand ils approcheraient de l'ennemi.

A peine avaient-ils fait un quart de lieue, que les coureurs de l'armée de Belle-Isle, qui étaient envoyés en vedettes par leur chef, tombèrent sur eux à l'improviste, et les serrèrent de très près.

Jean faisait tous ses efforts pour rétablir l'ordre dans ses rangs et repousser cette poignée d'hommes qui venaient leur barrer le passage, mais c'était peine perdue. La confusion était à son comble, les soldats s'étaient figuré que l'armée entière leur tombait sur le corps.

Heureusement pour de Cosseville et ses hommes qu'un des leurs, épouvanté de cette attaque imprévue, s'était enfui à toutes jambes vers la ville, et avait averti Ledin du danger que courait la troupe du gouverneur.

Aussitôt ce jeune capitaine prend avec lui quelques arquebusiers et s'élance au secours des Domfrontins. Il les a bientôt rejoints, l'ennemi est chargé avec vigueur, les soldats se rassemblent aux cris de *France et Navarre*, et de nouveau chargent l'ennemi qui bientôt est mis en fuite, puis la petite troupe rentre en bon ordre dans la ville.

En 1595, un capitaine nommé Blanchetière, envoyé sans doute par quelque ligueur qui n'avait osé s'exposer lui-même dans une telle aventure, vint sous nos murs avec une poignée d'hommes. — Aussitôt les habitants se présentent en armes sur les remparts, prêts à exterminer ces quelques aventuriers.

Mais Blanchetière ne l'attendit pas, lui et les siens tournèrent les talons et s'enfuirent à toutes jambes sans même tirer un coup d'arquebuse.

Cinq ans après cette espèce d'attaque, en 1598, Henri IV, voyant que notre château serait toujours un sujet de guerre entre les ligueurs et lui, ordonna qu'il soit rasé.

En 1600, M. Donadieu, gouverneur du duché d'Anjou, acheta la vicomté de Domfront pour quarante-cinq mille écus, prenant en plus l'engagement de rembourser au duc de Joyeuss les trente mille écus que ce dernier avait employés à l'acquisition de Domfront. Après la mort de M. Donadieu, ce fut son frère, évêque d'Auxerre, qui hérita de la vicomté de Domfront.

Le comte de la Ferrière et M. Donadieu se réunirent pour demander au parlement un arrêt qui les autorisât à prélever un droit du sixième sur le prix des ventes des terrains faites par les habitants; puis le même droit réduit au treizième pour les habitants de Domfront jouissant des titres et privilèges de la bourgeoisie.

Le parlement de Rouen rendit cet arrêt inique le 15 octobre 1608.

Le roi Louis XIII autorisa Mademoiselle de Montpensier à faire l'acquisition du domaine de Domfront. A cet effet, elle remboursa trente mille neuf cent cinquante livres à M. Donadieu. Lorsque Mademoiselle de Montpensier entra en possession de la vicomté, elle rapportait huit mille six cents et quelques livres de revenu.

Après le décès de Mademoiselle de Montpensier, Domfront passa entre les mains de Philippe de France, frère de Louis XIV, puis à la maison d'Orléans, qui en a joui jusqu'en 1751. Mais Louis XV revendiqua ses droits de greffe, juridiction, lots, ventes, bois et forêts, de sorte que la maison d'Orléans ne jouissait que des rentes domaniales.

Pendant que la vicomté appartenait aux ducs d'Orléans, les habitants de Domfront eurent beaucoup à souffrir, non pas de leur gouvernement, mais d'une branche de peste qui s'abattit sur Domfront et y fit les plus grands ravages. (1632).

Presque tous les habitants quittèrent la ville, dans la crainte d'être pris du terrible mal; l'herbe, dit-on, croissait dans les rues.

Les barons chargés de rendre la justice ne voulaient pas siéger à Domfront. Pendant plusieurs années nous voyions les jugements datés, les uns de Lonlay, les autres de St-Bômer et de plusieurs autres communes de la vicomté.

En 1651, les droits d'octroi, qui n'avaient été institués que pour faire les réparations utiles à la ville, furent doublés par ordonnance royale, puis le roi s'empara de moitié de ses droits pour subvenir aux frais de la guerre.

En 1758, il y eut une disette affreuse dans tout le pays. Pendant plusieurs années les récoltes manquèrent complétement. Le duc d'Orléans se montra très-compatissant; les habitants reçurent de sa part des secours en grain et en argent. Il montra pendant ces années de souffrances une âme bien digne des grandeurs qui l'entouraient.

Voici quel était l'état du pays à cette époque de misère ; sur quarante-cinq mille âmes qui formaient la population de la vicomté, un tiers vivait de ses revenus, un tiers de son travail, et le dernier tiers manquait de tout moyen d'existence.

En 1774, Louis XVI fit don du duché d'Alençon à son frère, Louis-Stanislas-Xavier, et comme Domfront était enclavé dans ce duché, il fut compris dans le don du roi. Tel fut le dernier possesseur de la vicomté de Domfront.

F.-P. Ledin de la Châlerie fut le dernier gouverneur de la ville ; il mourut à Domfront, en son château de Godras, en 1770.

Vint la révolution, grande mais terrible qui changea la face de toute la France.

Nous n'essaierons point de dépeindre ici les scènes qui se sont passées dans notre arrondissement ; nous parlerons seulement des grands changements survenus dans les lois et les administrations, tout en nous renfermant strictement dans le cadre des faits qui ont rapport à notre histoire.

CHAPITRE VII.

*Domfront depuis la révolution de 1793
jusqu'à nos jours.*

La révolution, en sapant le trône, anéantit
d'un coup tout ce qui était apanage, et con-
fisqua au bénéfice de la nation toutes les
propriétés qui les formaient.—Les chefs du
gouvernement d'alors se réservèrent le droit
de gouverner toutes les villes de France, et
de toucher les bénéfices rapportés par chacune d'elles.

Domfront, comme toutes les autres villes,
n'eut donc plus de gouverneur ni de baron
pour rendre la justice. Ce furent des employés du nouveau gouvernement, envoyés
et salariés par lui, qui remplacèrent les
dignitaires d'autrefois.

Pour toucher les revenus de toutes ces
villes, il fallut établir un nouveau système
dans l'administration des finances, et c'est
ce qui eut lieu.

Le gouvernement envoya des receveurs
du fisc chargés de recouvrer les droits per-
çus sur les biens immeubles. Dès le début,
la confusion régna dans cette administration. Les receveurs s'acquittaient mal, quel-

quefois même brutalement des fonctions qui leur étaient confiées, surtout dans notre pays qui était très-pauvre.

Partout les deniers rentraient difficilement ; de là des retards à la caisse centrale. Les dépenses allant toujours, et de nouveaux fonds ne venant point combler les vides, il fallut avoir recours à un autre système.

C'est alors que l'on mit en circulation du papier qui devait avoir cours, et que l'on appelait *papier monnaie*. Domfront et tout le pays environnant furent remplis de ce papier.

Bientôt cette espèce de monnaie perdit de sa valeur, chacun voulait s'en débarrasser, mais les vendeurs cédaient difficilement leurs propriétés en échange de ces valeurs. Nous avons souvent vu des actes de l'époque dans lesquels il était formellement stipulé que les paiements devaient s'effectuer en argent.

On pense combien vite ces nouvelles valeurs furent discréditées. Puis vint le moment où personne n'en voulut plus recevoir, et tous ceux qui en possédaient renfermèrent dans les portefeuilles ces papiers redevenus sans valeurs aucunes.

Mais ce n'était pas tout que le service des finances, il s'agissait d'abord de diviser la France, c'est ce qui eut lieu.

On créa de grandes communes, ayant chacune d'elles un chef nommé commissaire du gouvernement. La mission était de faire exécuter les lois dans toute la contrée confiée à ses soins.

Les lois étaient très-sévères, mais aussi très-mal observées.

Pendant des années nous avons vu nos campagnes infestées d'un tas d'hommes sans foi ni loi, qui, sous le prétexte d'imiter les vendéens qui s'étaient levés en masses pour rétablir la royauté, se formèrent en bandes et parcoururent nos campagnes, commettant partout les plus grandes atrocités.

Pour avoir quelque peu d'argent, pour se bien faire héberger, ils allaient dans les fermes menacer les paysans, et si à l'instant leurs moindres désirs n'étaient pas remplis, à la menace ils joignaient l'action et fusillaient impitoyablement ceux qui avaient le malheur de leur résister.

Nous n'insisterons point sur ces faits, il nous répugnerait de retracer ici des actions si blâmables, nous voulons seulement parler en général de choses qui se sont accomplies sous les yeux de bien des hommes encore existants, et qui dans les soirées d'hiver sont encore racontées par des témoins de ces scènes de désordre.

Le gouvernement créa ensuite des milices on *Gardes Nationales*, chacune devant défendre sa ville ou son bourg.—Ce nouveau corps d'armée fut recruté, comme chacun le sait, parmi tous les hommes valides de chaque ville, auxquels on délivrait des armes, mais qui devaient fournir chacun le reste de leur équipement.

Cette innovation fut partout accueillie avec enthousiasme. Nous avons vu à Domfront, des ouvriers vendre leur lit pour faire l'acquisition d'un habit de garde national.

L'assemblée constituante forma la France en départements. Alençon fut désigné comme chef-lieu du département de l'Orne, et Domfront comme chef-lieu d'arrondissement.

Nous arrivons maintenant au gouvernement impérial, sous lequel sé sont opérés de si beaux et de si utiles changements.

Après avoir rétabli l'ordre dans les finances qui menaçaient ruines, l'Empereur s'occupa de réformer les grandes divisions de la France, puis il fonda des services administratifs, et modifia ceux déjà établis.

Après avoir placé dans chaque chef-lieu de département, un Préfet chargé de diriger toutes les administrations, les départements furent divisés en arrondissements, les arron-

8.

dissements en cantons, et les cantons en communes.

Dans chaque chef-lieu d'arrondissement, on nomma un Sous-Préfet chargé de diriger son arrondissement, et servant d'intermédiaire entre le Préfet et ses administrés.

. Un maire, pris parmi les habitants, fut placé à la tête de chaque commune, et on lui adjoignit un conseil choisi aussi parmi les habitants et nommé par eux.

Pour les finances, il nomme dans chaque chef-lieu d'arrondissement un receveur particulier, chargé de surveiller les anciens receveurs du fisc, ou percepteurs qui, eux avaient un certain nombre de communes dans lesquelles ils étaient chargés de percevoir les fonds.

Les capitaux reçus étaient versés dans les caisses des receveurs particuliers pour les envoyer au receveur général, qui versait lui-même ces fonds dans les caisses de l'état.

Domfront avait donc, comme chef-lieu d'arrondissement, un Sous-Préfet, un maire et son conseil, un receveur particulier et un percepteur.

De grands changements ayant aussi été opérés dans la justice, notre ville eut un tribunal civil de première instance, composé d'un président, d'un juge, d'un juge d'instruction et d'un procureur impérial.

En outre des tribunaux de première instance, Napoléon créa des juges de paix, chargés de juger les affaires qui n'offraient pas une gravité ou une importance pécuniaire assez grande pour être soumises à la sanction des tribunaux de première instance. — Domfront eut donc un juge de paix, puis l'Empereur en nomme un par chaque canton.

Plus tard on créa l'administration des contributions indirectes, l'enregistrement, les hypothèques, le service des postes, enfin toutes les administrations qui existent encore aujourd'hui.

Domfront avait donc en outre des fonctionnaires dont nous avons déjà parlé, un entreposeur, un conservateur des hypothèques, un receveur de l'enregistrement, un ingénieur, un garde général des eaux et forêts, et un directeur des postes.

Joignez à ces fonctionnaires les avocats et les avoués, relevant seulement du tribunal, les notaires et les huissiers, et vous aurez sous les yeux le tableau de tous les fonctionnaires d'un chef-lieu d'arrondissement.

Tels sont les services qui furent organisés dans chaque arrondissement, tous indépen-

dants les uns des autres, mais tous centra-
lisés entre les mains des Sous-Préfets et des
Préfets, qui eux aussi recevaient leurs ins-
tructions des ministres.

On ne saurait trop admirer une telle or-
ganisation, tous les rouages s'engrennent
a??? ?ant de précision, que d'un seul regard
du ???aître tout est mis en mouvement et
marche avec un ordre parfait.

Ces détails paraîteront peut-être un peu
long, mais nous avons cru devoir les donner tous, sous peine de paraître incomplets,
et maintenant nous allons essayer de décrire
toutes les améliorations qui se sont faites
dans notre ville jusqu'à aujourd'hui.

Les changements se sont opérés bien len-
tement, mais c'est chose naturelle dans une
ville dont la population est si peu importante. En effet, le nombre des habitants n'a
pas ou presque pas dépassé 2,500, depuis
1836, époque à laquelle on a réuni un fau-
bourg à la ville.

Nous avions dans nos murs une église
sous le patronage de St-Julien, nous dirions
avec plus de raison une chapelle, car elle se
trouva être trop petite pour abriter tous les
fidèles, ce qui fit songer à en construire une
autre.

Ce fut Louis de Quincé, gouverneur de
Domfront, qui songea le premier à entrepren-

dre cette bonne œuvre, puis il s'occupa de l'établissement d'un hospice. Cet homme généreux, qui faisait un si noble emploi de ses richesses, mourut en 1708.

Le respectable père Crestey, curé de Barenton, dota notre ville d'un collège. Il nomma lui-même M. Bidois, directeur de cet établissement qui, pendant bien longtemps, fut en très-grand renom dans le pays.

L'église de Notre-Dame, dont nous avons parlé au commencement de cette histoire, était en 1825 un des plus beaux monuments religieux que l'on eût dans toute la contrée. La construction entière était du pure roman, avec ses pleines ceintures, et toutes ces figures grimaçantes, placées tantôt aux chapitaux des colonnes, tantôt aux corniches de la voûte.

A cette époque, on fit une route qui conduisait à Avranches et qui devait abattre toute la nef de cette église. Quelques hommes, amis de la science, firent tous leurs efforts pour empêcher cette mutilation, mais ils ne furent pas écoutés, et plutôt que de détourner cette route de quelques mètres, on raya impitoyablement les fondements de ces vieux murs, et la nef et les bas-côtés disparurent en entier.

Nous ne savons en vérité trop comment qualifier cet acte de vendalisme... On ne peut croire qu'il ait été commis par ignorance, puisqu'il y fut mis opposition, mais comment penser qu'on vienne, avec connaissance de cause, abattre un de ces monuments du onzième siècle, si rares de nos jours et toujours si beaux lorsqu'ils sont bien conservés.

C'est d'autant plus à regretter que le gouvernement songeait à déclarer cette église monumentale. et conséquemment se chargeait des réparations.

De ce superbe édifice il ne nous reste plus aujourd'hui que le chœur et une petite partie de la nef, veuve de ses bas côtés.

En 1827, on fit construire une prison. Les bâtiments qui en servaient auparavant existent encore aujourd'hui ; c'est une véritable prison des ducs de Normandie. Des corridors souterrains, noirs et humides, des portes basses et des cachots infects où le jour ne pénètre jamais.

Nous avons aussi sous une des maisons, deux salles souterraines, superposées l'une à l'autre, et très-profonde; l'air est tellement rare dans la partie inférieure, qu'on n'y peut tenir une torche allumée. On prétend que c'est un ouvrage des Anglais, que ces souterrains leur servaient de prisons. On rapporte même qu'on a retiré de ces caves une grande quantité d'ossements humains. Pour ce fait, je n'oserais l'affirmer.

On s'occupa ensuite de bâtir près de la prison une gendarmerie, et à côté un hôtel pour le Sous-Préfet.

En 1829, l'ancien tribunal étant devenu trop petit, la ville de Domfront fit construire celui qui existe encore aujourd'hui sur la place Godras.

Le vieux fut abattu. Pour lui, il n'était guère à respecter, ses murailles étaient bien noires et bien sales, il est vrai, mais d'architecture point, et sa vue ne rappelait nullement les vastes prétoirs dans lesquels nos aïeux rendaient la justice.

En 1859, M. Vardon, alors maire de Domfront, songea à créer une bibliothèque, il fit appel à tous les hommes intelligents du pays, et bientôt on vit se former une petite bibliothèque; qui n'a fait depuis que d'augmenter. Aujourd'hui nous y comptons près de 4000 volumes.

La ville abandonna aux propriétaires riverains les fossés qui entouraient les murs, puis elle vendit la tour à des particuliers. Quelques-unes sont encore assez bien conservées, deux surtout ont presque tous leurs crénaux; mais pour les autres elles ont été

arrangées, défigurées, selon le goût des ac-
quéreurs.

Il y a quelques années nous avions encore
une des vieilles portes qui jadis servaient
d'entrée à la ville. — Elle était formée
d'un plein ceintre jeté sur toute la largeur
de la grande rue. Deux grosses tours formaient les piliers de cette porte, et une ligne
de crénaux la couronnaient en dehors de
la ville.

Aujourd'hui, presque tout a disparu, une
seule de ces deux tours est encore debout.

C'était un des derniers souvenirs des
temps où notre ville opposait ses vieilles
murailles aux coups de ses ennemis. Il est
fâcheux que l'on n'ait pas songé à le conserver.

Il est un fait, c'est que Domfront ne sera
jamais une belle ville, pourquoi ne pas
lui conserver alors son vieux cachet, c'est
sans contredire le seul mérite qu'elle puisse
avoir aux yeux de tous, si on le lui enlève
que nous reste-t-il ? rien, pas même le souvenir qui s'efface si vite quand on n'a pas
chaque jour sous les yeux quelque chose
qui vous rappelle ces temps héroïques.

Notre mairie était un grand bâtiment qui
jadis avait servi de collége, mais mal construit et presqu'en ruine. L'administration
songea à en faire construire une nouvelle,

mais la ville n'était pas très-riche, il fallut
emprunter.

M. de la Roirie s'empressa de prêter la
somme qui manquait, sans intérêt aucun,
puis une partie de la somme remboursée,
il fit don du reste à la ville, et grâce à cette
générosité, nous avons un assez bel hôtel
de ville, construit sur l'emplacement de
l'ancien.

Une chose de la plus haute importance
manquait à Domfront, c'était l'eau. Notre
administration s'épuisait en vains efforts
pour entretenir un bassin qui devait ali-
menter toute la ville. Les administrateurs
n'épargnaient ni peines ni argent, mais
l'installation première était mauvaise, et
souvent nous manquions presque d'eau,
n'ayant plus pour toute ressource que les
puits de quelques particuliers.

Cet état de choses n'était pas tenable, et
pourtant personne n'osait songer à faire
monter jusque dans nos murs l'eau de la
Varennes qui coule à près de 80 mètres de
notre ville, au pied d'un rocher à pic.

M. Christophe, maire de notre ville, osa,
lui, penser à cette entreprise. Il fit venir un
ingénieur qui examina les lieux et assura
qu'avec une machine hydraulique on ferait
parfaitement monter l'eau jusqu'à Domfront.

Le travail fut aussitôt commencé, et peu de temps après nous avions de l'eau dans toutes nos rues. Pour les habitants, c'était un grand pas de fait, et nous devons tous de la reconnaissance à une administration qui a accompli un fait jugé presque impossible, et pourtant si utile pour tous.

Voici ce qu'est Domfront maintenant, une petite ville qui, depuis quelques années a été bien changée. Sans doute que bien des choses restent encore à faire pour que Domfront devienne une ville de quelque importance; pourtant si nous avions du commerce, on pourrait espérer, comme tant d'autres villes qui, avec ce puissant moyen, sont presque tout-à-coup sorties de sous terre, que notre vieille cité prendrait de l'accroissement et vivrait de cette vie active qui amène toujours avec elle l'industrie.

Nous avons comme établissement de commerce, une usine pour fabriquer des instruments aratoires, qui occupe une vingtaine d'ouvriers, et puis ce qui est beaucoup plus important, nos foires et nos marchés.

Pourtant espérons dans l'avenir, car par sa position, par ses relations journalières, Domfront est admirablement situé pour donner aux industriels qui viendraient s'y fixer, toutes chances de réussite.

En effet, notre tribunal appelle chaque

jour dans nos murs des commerçants des villes industrielles qui nous entourent. C'est un dérangement toujours onéreux et quelquefois nuisibles aux affaires de ceux qui sont forcés de l'entreprendre.

Sa position, au centre des fabriques de Flers, La Ferté, Tinchebray, Mayenne, offre un avantage, en ce sens que beaucoup de commerçants sont obligés de passer par Domfront pour aller, les uns à Ambrières, et jusqu'à Mayenne, où ils occupent des ouvriers, les autres pour se rendre au tribunal de commerce de Tinchebray. C'est un point central qu'il serait bon d'occuper, d'autant plus qu'il offre au moins autant de ressources que les villes que nous venons de citer plus haut.

Espérons donc que bientôt nous verrons se eréer dans nos murs quelque grand établissement commercial, qui saura utiliser les nombreuses et belles chutes d'eau de notre rivière, et apporter ainsi un moyen d'existence aux ouvriers, qui ne seraient plus alors forcés de quitter le pays pour aller gagner ailleurs un salaire capable de nourrir leur famille.

Autres temps, autres mœurs,..... Jadis, Domfront était la première ville de guerre du pays. Pendant des siècles, nos vieilles murailles ont résisté aux coups redoublés des ennemis. Aujourd'hui, de guerre lasse, elle demande le repos et un peu de bien-être.

Elle a le repos qui peut lui procurer ce bien-être, cette aisance après lequel elle soupire?.... c'est le commerce.

Espérons donc que, dans un temps plus ou moins rapproché, notre ville, après avoir vu son nom inscrit en lettres de feu dans les annales de nos aïeux, le verra figurer en lettres d'or sur la liste des cités industrielles.

— FIN. —

Imp.-Lib. M. NOIRE, à Domfront.

www.ingramcontent.com/pod-product-compliance
Lightning Source LLC
Chambersburg PA
CBHW071206200326
41519CB00018B/5392